Für Neo

**Bibliografische Informationen
Der Deutschen Nationalbibliothek**
Die Deutsche Bibliothek verzeichnet diese Publikation in der Deutschen Nationalbibliographie; detaillierte bibliographische Daten sind im Internet über http://dnb.ddb.de abrufbar.

Haftungsausschluss
Die Hinweise in diesem Buch wurden von der Autorin sorgfältig recherchiert und eingehend geprüft, ersetzen jedoch keine veterinärmedizinische Diagnose und Behandlung. Für die Inhalte des Buches können keinerlei Garantien übernommen werden. Eine Haftung der Autorin für Personen-, Sach- und Vermögensschäden, die durch Gebrauch der Informationen und Ratschläge entstehen, ist ausgeschlossen.

Sämtliche Teile des Werks sind urheberrechtlich geschützt. Jede Verwertung außerhalb der engen Grenzen des Urheberrechtsgesetzes ist ohne die schriftliche Zustimmung der Autorin unzulässig und strafbar. Das gilt insbesondere für Vervielfältigungen, Mikroverfilmungen und die Einspeicherung und Verarbeitung in elektronischen Systemen.

Bildnachweise
Titel & Rücken: studioline Photostudios GmbH, S. 10: Iakov Filimonov / shutterstock.com, S. 12, 14, 93, 124: Eric Isselee / shutterstock.com, S. 27: Jezper / shutterstock.com, S. 33: Michelle D. Milliman / shutterstock.com, S. 40: IrinaK / shutterstock.com, S. 47: Edward Westmacott / shutterstock.com, S. 49 (l.): Valery121283 / shutterstock.com, S. 49 (r): Davydenko Yuliia / shutterstock.com, S. 52, 642: hjochen / shutterstock.com, S. 57: zhengzaishuru / shutterstock.com, S. 59, 102: cynoclub / shutterstock.com, S. 63 (o.): Olga Popova / shutterstock.com, S. 63 (u.): Valery121283 / shutterstock.com, S. 68: Pavel Hlystov / shutterstock.com, S. 70: Slawomir Zelasko / shutterstock.com, S. 72: Thomas Klee / shutterstock.com, S. 75: Madlen / shutterstock.com, S. 76: oriori / shutterstock.com, S. 77: Valentyn Volkov / shutterstock.com, S. 78 (o.): Mega Pixel / shutterstock.com, S. 78 (u.): bonchan / shutterstock.com, S. 80: mariocigic / shutterstock.com, S. 81: @iStock.com / GlobalP, S. 88: Africa Studio / shutterstock.com, S. 94: Jagodka / shutterstock.com, S. 99: Nenov Brothers Images / shutterstock.com, S. 112: Kachalkina Veronika / shutterstock.com, S. 115: Fly_dragonfly / shutterstock.com, S. 117: Javier Brosch / shutterstock.com, S. 118: WilleeCole Photography / shutterstock.com, S. 125: harmpeti / shutterstock.com, S. 133: Hysteria / shutter-stock.com, S. 155: bitt24 / shutterstock.com, übrige Fotos: Nadine Wolf, Illustrationen: Daniel Farkas

1. Auflage 2015
1., überarbeitete Auflage 2018
Satz, Umschlaggestaltung und Bildbearbeitung: Daniel Farkas
ISBN: 978-3-00-049632-5
Nadine Wolf
Heinrich-Zille-Weg 27
04289 Leipzig
www.thp-wolf.de

DAS BARF-BUCH
Nadine Wolf

INHALT

BARF – Die Fakten 9
DER URSPRUNG VON BARF 10
Die Idee hinter dem Konzept 10
Die Entstehung des Konzepts 10
BARF MACHT DEN UNTERSCHIED 11
Nicht alles, was roh ist, ist auch automatisch BARF! 11
Wie leitet sich der Begriff her? 11
DAS BARF-KONZEPT 12
Aufbau eines Beutetieres 12
Aufbau der BARF-Ration 12
Zusätze und Mengen bei den BARF-Varianten 14
WARUM BARF? 15
Weshalb sollte man sein Haustier barfen? 15
Welche Vorteile hat BARF? 15
Welche Nachteile hat BARF? 17
Was wird sich durch BARF verändern? 17
GIBT ES RISIKEN BEI BARF? 18
Allgemeine Risiken bei der Fütterung 18
Spezielle Risiken bei BARF und der Umgang mit ihnen 18
DIE BARF-MYTHEN 31
BARF liefert zu viel Eiweiß 31
BARF ist zu kompliziert 33
Die Orientierung am Wolf macht keinen Sinn 33
Rohes Fleisch macht Hunde aggressiv 34

BARF – Die Fütterung 37
WELCHE NÄHRSTOFFE BRAUCHT DER HUND? 38
Proteine 38
Fette 41
Kohlenhydrate 41
Wasser 41
Vitamine 43
Mineralstoffe 43
WELCHE FUTTERKOMPONENTEN KOMMEN ZUM EINSATZ? 45
Muskelfleisch 45
Fett 46
Fisch 51
Pansen / Blättermagen 52
Innereien 52
Rohe, fleischige Knochen (RFK) sowie Knorpel 57
Milchprodukte 63
Eier 63

Gemüse / Obst / Hülsenfrüchte	64
Getreide / Pseudo-Getreide	70
Zusätze	71
Wasser	79
WELCHES ZUBEHÖR WIRD BENÖTIGT?	**80**
WIE ERSTELLT MAN EINEN FUTTERPLAN?	**81**
Schritt 1 – Futtermenge ermitteln	81
Schritt 2 – Futterkomponenten ermitteln	84
Schritt 3 – Festlegung der Zusätze	87
Schritt 4 – Erstellung des Wochenplans	88
WAS IST BEI DER FÜTTERUNG VON WELPEN ZU BEACHTEN?	**94**
Gerade für Welpen ist artgerechtes Futter wichtig	94
Nährstoffbedarf von Welpen	95
Anpassungen am Futterplan	96
Annäherung an die Futtermenge	98
WIE STELLT MAN DEN HUND AUF BARF UM?	**99**
Wieso ist das überhaupt ein Problem?	99
Was muss bei der Umstellung beachtet werden?	99
Wie geht man vor?	100
Darmfloraaufbau	102
Die „Nebenwirkungen" der Umstellung	103

BARF – Hilfe & Tipps 105

TIPPS UND TRICKS	**106**
HÄUFIGE FRAGEN	**110**
WAS SOLLTE MAN BEI BARF UNBEDINGT VERMEIDEN?	**128**

BARF – Die Rezepte 131

ALLGEMEINES ZU DEN REZEPTEN	**132**
Der Rezept-Baukasten	132
Die Zubereitung	133
REZEPTE	**134**
Rezepte ohne Getreide	134
Rezepte mit Getreide	140
Leckerli Rezepte	146
DOSIERUNGSEMPFEHLUNGEN IM BUCH	**149**
EINIGE RATSCHLÄGE ZUM ABSCHLUSS	**150**
GLOSSAR	**152**
WEITERFÜHRENDE LINKS	**156**
FUTTERPLANBERATUNG, BARF-SEMINARE & BARF-RECHNER	**156**
DANKSAGUNG	**157**
QUELLENANGABEN	**158**
REGISTER	**162**

VORWORT

BARF – ein Thema, das in der Hundeszene in aller Munde ist und immer mehr Hunde- und auch Katzenbesitzer begeistert. Als eine der Ersten, die das BARF-Konzept in Deutschland verbreitete, habe ich die Entwicklung des Themas von Anfang an beobachten können. Was mit einer kleinen, unscheinbaren Webseite begann, ist heute eine regelrechte Bewegung und mittlerweile auch ein großes Geschäft geworden. Das führt zu vielen glücklichen und gesünderen Hunden, zieht aber natürlich auch viele Menschen an, die in das „BARF-Geschäft" einsteigen und sich in der Szene einen Namen machen wollen. Einige bieten gute, solide Informationen an, aber leider wird inzwischen auch sehr viel Unsinn und Halbwissen verbreitet. Das führt bei interessierten Hundebesitzern zu Verwirrung und zu teilweise gefährlichen Fütterungsvorschlägen.

Um in der BARF-Szene groß rauszukommen, meinen einige, sie müssten versuchen, das Rad neu zu erfinden und weichen, in dem Versuch, etwas Eigenes zu erschaffen, vom Grundgedanken des BARF-Konzeptes ab. Füttern nach Vorbild der Natur und nach evolutionär geprüften Vorgaben lässt sich aber nicht neu erfinden. Es ist für mich traurig zuzusehen, wie aus einem guten Konzept ein solches Streitthema entstanden ist, das mittlerweile so viele Definitionen haben kann, wie es Tage im Jahr gibt. „Besonders Appetitliches Rohes Futter", „Biologisch Artgerechtes Richtiges Futter", Koch-BARF, Trocken-BARF, usw., usf.

Aber ab und zu strahlt ein Lichtblick durch den verwirrenden Nebel. Nadine Wolf ist mir erstmals als „Shiraa" im GesundeHunde-Forum aufgefallen. Sie beantwortete unermüdlich sachlich und fachlich korrekt Fragen der Neu-Barfer im Forum. Nadines Ideen waren gut, ihre Recherchen gründlich und ihre Schlussfolgerungen präzise auf den Punkt gebracht.

Im Jahre 2009 startete Nadine ihren inzwischen sehr bekannten und beliebten BARF-Blog www.der-barf-blog.de. Ihre Artikel waren beeindruckend, sie behandelte Fragen zum Thema BARF mit gut ausgearbeiteten Texten, die einen frischen Wind in die BARF-Szene brachten. Ihre Texte sind so gut, dass ich einige davon als Lesematerial in meiner Ausbildung zum Ernährungsberater mit Schwerpunkt BARF einsetze, da auch ich das Rad nicht neu erfinden muss. Inzwischen habe ich Nadine darum gebeten, mich als Dozentin bei der Ausbildung zu unterstützen und sehe sie als große Bereicherung für mein Team.

Mit ihrem Buch, *Das BARF-Buch*, ist es Nadine gelungen, nicht nur das BARF-Konzept in meinem Sinne wiederzugeben, sondern dort weiterzumachen, wo ich aufgehört habe. Ihre Erklärungen und Berechnungen zur Futterplanerstellung sind präziser, ausführlicher und detaillierter als die, die in meinen Büchern zu finden sind. Darüber hinaus geht sie im Detail auf einige Punkte ein, so z. B. die kritische Betrachtung einiger Studien zur Bedarfsdeckung mit BARF. Sie erklärt, warum die gängigen Bedarfswerte nicht unbedingt für gebarfte Hunde zutreffend sein können und räumt mit einigen Mythen über BARF auf.

Dennoch weicht sie nicht vom Grundprinzip des Barfens – der Anlehnung am Beutetier – ab und versucht eben nicht, das Rad neu zu erfinden, sondern die Zusammenhänge lediglich besser zu erklären. Dies ist ihr durchaus gelungen.

Mit Nadine Wolfs Buch hat der Leser eine korrekte, gründlich recherchierte, verständlich erklärte und leicht umzusetzende Anleitung zum Barfen.

Swanie Simon

BARF
Die Fakten

DER URSPRUNG VON BARF

Die Idee hinter dem Konzept

Bei BARF handelt es sich um eine Rohfütterungsmethode für domestizierte Fleischfresser, also z. B. Hunde und Katzen. Im Gegensatz zu kommerziellen Futtermitteln (z. B. Trockenfutter, Feuchtfutter) stellt der Tierhalter die Rationen aus rohen Zutaten für das Haustier selbst zusammen. Dabei werden rohes Fleisch, Knochen und Innereien verschiedener Schlachttiere sowie Gemüse, Obst und einige Futterzusätze wie etwa Seealgen, Lebertran oder Öle verfüttert.

Die Idee hinter dem Konzept ist der Gedanke, dass ein Futter dann gesund ist, wenn es der natürlichen Nahrung eines Tieres gleicht. Vor diesem Hintergrund bildet die Ernährung der biologischen Vorfahren einer Haustiergattung das Vorbild für eine artgerechte Ernährung – beim Hund ist das natürlich der Wolf. Wölfe ernähren sich bekanntermaßen von Beutetieren, die sie vollständig oder jedenfalls zu großen Teilen und natürlich roh verzehren. Diese Beutetiere liefern den Karnivoren (→ Fleischfressern) alles, was sie benötigen – ein Ansatz, der sich in der Natur über einen sehr langen Zeitraum bewährt hat, sonst wären diese Tiere längst ausgestorben. Große Mengen an Getreide, synthetische Zusatzstoffe und andere Substanzen, die sich häufig in kommerziellen Futtermitteln befinden, gehören nicht zum Speiseplan dieser Tiere, weswegen diese Inhaltsstoffe bei BARF nicht vorgesehen sind. Da in der Regel keine ganzen Tiere verfüttert werden können (wie es z. B. bei der Fütterungsmethode Prey der Fall ist), wird ein Futterplan erstellt, der sich am Aufbau eines Beutetieres orientiert. Ergänzt wird das Ganze dann mit einigen natürlichen Zusätzen, um die ursprüngliche Ernährung der wilden Vorfahren nachzuahmen. Orientierung bedeutet dabei aber nicht, dass wirklich jeder Bestandteil eines Beutetieres berücksichtigt wird und andere Futterkomponenten wie z. B. moderate Mengen an Getreide nicht enthalten sein dürfen. Eine Orientierung ist eben nur eine Annäherung, keine exakte Kopie.

Die Entstehung des Konzepts

Der Begriff BARF ist ein Akronym, welches erstmals von der Kanadierin Debbie Tripp verwendet wurde, um Tierhalter zu bezeichnen, die ihre Hunde mit rohen Zutaten ernähren. Sie kürzte mit BARF die Bezeichnung „Born-Again Raw Feeders" (wiedergeborene Rohfütterer) ab. Die Bedeutung des Begriffs veränderte sich im Laufe der Zeit, sodass die Bezeichnung „Bones And Raw Foods" (Knochen und rohes Futter) entstand. Im Jahr 1993 veröffentlichte der australische Tierarzt Ian Billinghurst das Buch „Give Your Dog A Bone" und prägte den Ausdruck „Biologically appropriate raw food" für den Begriff BARF. In Deutschland machte Swanie Simon das Thema populär und etablierte in den 90er-Jahren erstmals die heute verbreitete Übersetzung „Biologisch Artgerechtes Rohes Futter".

BARF MACHT DEN UNTERSCHIED

Nicht alles, was roh ist, ist auch automatisch BARF!

BARF ist ein Teilgebiet der Rohfütterung, das wiederum ein Teilgebiet der Frischfütterung ist. Unter Frischfütterung wird jegliche Form der Rationsgestaltung durch den Tierhalter mit frischen Zutaten verstanden. Wer das Futter nicht auf Basis kommerzieller Futtermittel wie beispielsweise Trockenfutter bereitstellt, füttert frisch. Unter die Frischfütterung fallen z. B. auch selbstgekochtes Futter, die Ernährung mit Tischresten, aber auch rohe Rationen sind diesem Begriff zuzuordnen. Nicht alles, was frisch ist, ist zwingend auch roh. Die unterschiedlichen Konzepte der Frischfütterung weisen somit mitunter erhebliche Unterschiede auf.

Die Rohfütterung ist eine Unterkategorie der Frischfütterung. Auch dabei wird das Futter vom Halter selbst zusammengestellt, nur mit der Einschränkung, dass es hauptsächlich roh angeboten wird. Diese Art der Fütterung muss dabei hinsichtlich ihrer Zusammensetzung erst einmal grundsätzlich keinem speziellen Konzept folgen.

Frischfütterung	Rohfütterung	**BARF**

BARF stellt daher ein Teilgebiet der Rohfütterung dar. Denn wenn das Futter des Hundes *biologisch artgerecht* gestaltet werden soll, müssen zwangsläufig bestimmte Regeln beachtet werden. Wer diese Konzeptregeln nicht berücksichtigt, barft den Hund nicht, sondern füttert roh. Dieser Umstand erklärt sich anhand der Bedeutung des Akronyms BARF bzw. der Definition der einzelnen Begriffe.

Wie leitet sich der Begriff her?

Die Betrachtung der Abkürzung BARF anhand ihrer Wortbestandteile, verdeutlicht die Bedeutung des Begriffes: Die artgerechte Haltung eines Tieres, ist als eine Orientierung an der ursprünglichen Lebensweise einer Tierart zu verstehen. Biologisch gesehen ist der Haushund der Art Wolf (*Canis lupus*) zuzuordnen, schließlich ist der Wolf der nachgewiesene Vorfahre unserer Haushunde. Demzufolge orientiert sich die biologisch artgerechte Fütterung von Haushunden an jener von frühen Hunden oder Wölfen. Wölfe ernähren sich von Beutetieren, die sie nahezu vollständig und selbstverständlich roh fressen. Außerdem nehmen sie auch pflanzliche Nahrung in Form von Gräsern, Kräutern oder Kot von Pflanzenfressern auf.

Demzufolge muss sich eine Ernährung, die durch die Begriffe „biologisch artgerecht" geprägt ist, ebenfalls am Aufbau eines Beutetieres orientieren, daher spricht man bei BARF auch vom Beutetierkonzept. Eine rohe Ernährungsform, die sich nicht an der Zusammensetzung eines Beutetiers orientiert (also z. B. keine korrekten Knochen- oder Innereienanteile, ein zu hoher Anteil an oder gänzlicher Verzicht auf pflanzliche Komponenten), kann also nicht als BARF bezeichnet werden, sondern ist lediglich RF, also Rohfütterung.

DAS BARF-KONZEPT

Wie nun muss eine Ration gestaltet werden, damit sie dem Beutetierkonzept folgt und damit dem BARF-Ansatz entspricht? Aus welchen Teilen besteht ein Beutetier und welchen Anteil sollten pflanzliche Komponenten ausmachen?

Aufbau eines Beutetieres

Als typisches Beutetier für einen Hund mittlerer Größe käme beispielsweise ein Kaninchen in Frage. Es würde komplett gefressen werden und setzt sich bezogen auf die Gewichtsanteile folgendermaßen zusammen:

- Fell und Darminhalt: 21,5 %
- Fleisch und Fett: 48 %
- Knochen: 7,5 %
- Innere Organe & Blut: 23 %

Für wildlebende Fleischfresser typische Beutetiere sind bezüglich ihrer Zusammensetzung recht ähnlich aufgebaut. Es gibt lediglich bestimmte Verschiebungen innerhalb der oben genannten Anteile in Abhängigkeit von der Größe eines Tieres: Bei kleinen Tieren nehmen die inneren Organe einen größeren Teil des Körpers ein als bei großen Tieren, die dafür anteilig eine größere Masse an Stützorganen (z. B. Knochen) aufweisen. Ein Hase hat z. B. bezogen auf sein Gewicht eine größere Leber als ein Büffel, der dafür einen verhältnismäßig größeren Knochenanteil besitzt. Ein Wolf würde allerdings von einem Büffel in der Regel nicht sämtliche Knochen mitfressen, weil sie einfach zu groß und zu hart sind. Bei BARF wird deshalb, trotz der beschriebenen Abweichungen in der Zusammensetzung von Beutetieren, von Durchschnittswerten ausgegangen.

Aufbau der BARF-Ration

Aus der allgemeinen Zusammensetzung von Beutetieren leitet sich auch der Aufbau einer BARF-Ration ab. Etwa 20 % eines Beutetieres stellen unverdauliche Bestandteile (Fell und Darminhalt) dar, die bei BARF durch die Fütterung von Gemüse und Obst nachgeahmt werden, die ballaststoffreich und damit teilweise unverdaulich sind. Der hohe Muskelfleischanteil im Beutetier wird ebenfalls berücksichtigt und bildet die größte Komponente einer BARF-Ration. Zusätzlich wird die Komponente Pansen / Blättermagen eingesetzt, weil es sich dabei um relativ preiswerte und bei Hunden beliebte Futtermittel handelt, die insgesamt gute Nährwerte aufweisen. Wie oben ersichtlich, besteht das Beutetier zu fast einem Viertel aus inneren Organen und Blut.

Dieser Anteil wird bei BARF etwas reduziert, da er sich im Beutetier auch aus zahlreichen bindegewebsreichen Schlachtabfällen (z. B. Darm) zusammensetzt. Schließlich werden derartige Komponenten bereits durch die Fütterung von Pansen / Blättermagen abgedeckt. Daher entfallen stark bindegewebsreiche Innereien und es werden hauptsächlich besonders nährstoffreiche Komponenten verfüttert, die dann eine insgesamt etwas geringere Gewichtung im Futterplan einnehmen. Der Knochenanteil wird übernommen, jedoch bei BARF als rohe, fleischige Knochen (→ RFK) bezeichnet. Diese bestehen zur Hälfte aus Knochen und zur Hälfte aus Fleisch, weswegen der Anteil an RFK doppelt so hoch ist wie der Anteil an blanken Knochen.

Es gibt grundsätzlich zwei Möglichkeiten der Rationsgestaltung bei BARF, die der Halter nach seinen Präferenzen und unter Berücksichtigung der Verträglichkeit beim Hund wählen kann:

BARF ohne Getreide

Bei dieser Variante setzt sich das Futter zu 80 % aus tierischen und zu 20 % aus pflanzlichen Komponenten zusammen. Der Anteil tierischer Zutaten besteht zu 50 % aus durchwachsenem Muskelfleisch wechselnder Sorten (Fettanteil 15–25 %), 20 % Pansen / Blättermagen, 15 % gemischten Innereien (z. B. Leber, Niere, Milz, Lunge, Herz) und 15 % gemischten RFK (½ Knochen, ½ Fleisch). Der pflanzliche Anteil besteht wiederum zu 75 % aus gemischtem, püriertem Gemüse und zu 25 % aus Obst.

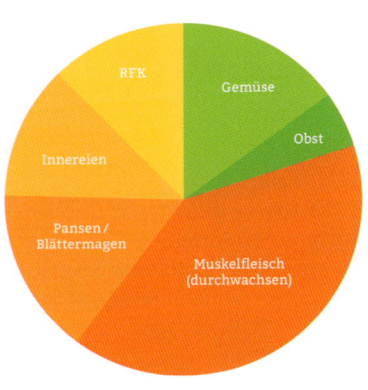

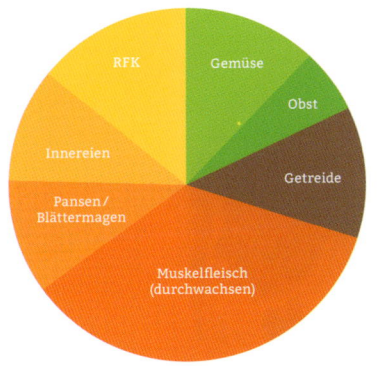

BARF mit Getreide

Es ist auch möglich, eine Ration mit einem gewissen Getreideanteil zu gestalten. Dabei ist es notwendig, dass einige Anpassungen an der Variante ohne Getreide vorgenommen werden: Das Futter besteht dann zu 70 % aus tierischen und 30 % aus pflanzlichen Komponenten. Der Anteil tierischer Zutaten setzt sich zu 50 % aus durchwachsenem Muskelfleisch wechselnder Sorten (Fettanteil 15–25 %), 15 % Pansen / Blättermagen, 15 % gemischten Innereien (z. B. Leber, Niere, Milz, Lunge, Herz) und 20 % gemischten RFK (½ Knochen, ½ Fleisch) zusammen und der pflanzliche Anteil besteht wiederum aus 40 % gekochtem Getreide, 40 % gemischtem, püriertem Gemüse und 20 % Obst.

Zusätze und Mengen bei den BARF-Varianten

Beide Varianten werden ggf. durch die regelmäßige Zugabe von Omega-3-Fettsäuren-lastigen Ölen (z. B. Fischöl, Leinöl), frischen Eiern, Kräutern, Seealgen, Nüssen / Samen, Bierhefe und Lebertran ergänzt. Auch Milchprodukte können hinzugefügt werden, sollten jedoch einen Anteil von 5 % der tierischen Komponenten nicht übersteigen. Die Zutaten werden bis auf wenige Ausnahmen roh verfüttert.

Ein ausgewachsenes Tier erhält eine Futtermenge von ca. 2–4 % seines Körpergewichts am Tag (große Hunde eher 2–3 %, kleine Tiere 3–4 %). Tiere im Wachstum oder trächtige / laktierende (also säugende) Hündinnen benötigen eine Futtermenge von zu 4–10 % ihres Körpergewichts am Tag. Weitere Informationen zur Festlegung der Futtermengen ab S. 81.

Wie zu sehen ist, folgt das BARF-Konzept einer Reihe von einfachen Regeln bezüglich der Zusammensetzung der Rationen. Werden diese Regeln allerdings ignoriert, so kann es passieren, dass eine Mangel- oder Überversorgung an bestimmten Nährstoffen provoziert wird. Aus diesem Grund ist es wichtig, sich an die Aufteilung der Futterkomponenten zu halten. Nur dann ist es bedarfsgerecht, und nur dann ist es BARF. Natürlich sind moderate Abweichungen von der grundsätzlich empfohlenen Zusammenstellung tolerierbar.

Es existiert übrigens kein Beutetier, das beispielsweise nur zu 25 % aus Muskelfleisch und dafür zu 75 % aus Knochen besteht und gar keine Innereien aufweist. Es gibt auch kein Beutetier, das zu 30 % aus Kartoffeln oder Reis besteht. Ein solcher Aufbau kommt in der Natur nicht vor. Daher entsprechen Futterpläne, die derartige Werte enthalten und propagieren, nicht dem Beutetierkonzept und können somit nicht als BARF bezeichnet werden. Solche Pläne sind hinsichtlich der Nährstoffversorgung kritisch zu betrachten.

WARUM BARF?

Weshalb sollte man sein Haustier barfen?

Vor dem Hintergrund einer Vielzahl von Futtermittelskandalen bei Fertigfutter, der Zunahme fütterungsbedingter Erkrankungen (z. B. Allergien, Nierenerkrankungen, Magendrehungen) bei Haustieren und dem Wunsch der Besitzer, ihr Tier artgerecht, hochwertig und vor allem gesund zu ernähren, steigen mehr und mehr Tierhalter auf BARF um. Frische, unbehandelte Nahrung gilt im Humanbereich seit jeher als die gesunde, nein, eigentlich die einzige Alternative zu Fertiggerichten. Es gibt keinen Grund, warum diese Erkenntnis nicht auch auf unsere Vierbeiner zutreffen sollte. Kritiker argumentieren stets, dass BARF zu unsicher sei, weil rohes Fleisch mit Krankheitserregern belastet sei und Halter Fütterungsfehler machten, die zu Nährstoffmängeln führten. Aber mittlerweile ist klar, dass die Fütterung mit Fertigfutter längst nicht so sicher ist, wie die Marketingabteilungen großer Futterkonzerne die Verbraucher glauben lassen wollen. Bedenkliche Über- oder Unterdosierungen von Nährstoffen (die bis zum Tod der Tiere führen können), Kontamination mit Krankheitserregern und Schimmelpilzgiften sowie krebserregende Zusatzstoffe (z. B. BHT, BHA, Ethoxyquin), aus ernährungsphysiologischer Sicht fragwürdige Inhaltsstoffe (z. B. > 50 % Kohlenhydratanteil), fehlerhafte oder verwirrende Deklarationen der enthaltenen Futtermittel, grausame Tierversuche zur Erforschung des Futters sowie eine verkürzte Lebenserwartung der Vierbeiner machen Trockenfutter & Co. immer unattraktiver. Aus diesem Grund suchen die Halter nach einer Alternative und treffen dabei unweigerlich auch auf BARF. Kein Wunder, denn BARF bietet viele Vorteile, auch wenn die Zubereitung sicherlich aufwendiger und komplizierter ist als im Falle von Fertigfutter.

Welche Vorteile hat BARF?

Im Vergleich zu Fertigfutter weist BARF folgende Vorteile auf:
- **Höhere Lebenserwartung:** Hunde, die nicht mit Fertigfutter ernährt werden, leben statistisch gesehen 2,7 Jahre länger.
- **Artgerechte, natürliche Zutaten:** Hochwertige Nahrungsbestandteile mit ausgezeichneter Bioverfügbarkeit (kein / kaum Getreide, keine wertlosen Füllstoffe)
- **Keine Deklarationsverwirrung:** Der Halter kennt sämtliche Bestandteile des Futters und kann die Herkunft nachvollziehen.
- **Keine gesundheitsschädlichen Zusatzstoffe:** Synthetische Vitamine, Farbstoffe, Geschmackverstärker, Konservierungsstoffe und Antioxidantien kommen nicht vor.
- **Gesundheitsförderung:** Geringeres Risiko von Zahnstein, Magendrehungen, Allergien, Hüftgelenksdysplasie, Darmfloraschädigung etc.
- **Individuelles Futter:** Die Rationsgestaltung kann bei bestimmten Erkrankungen (z. B. Futtermittelallergie) oder geschmacklichen Präferenzen auf das Tier abgestimmt werden.
- **Geringere Kotmenge:** Verzicht auf wertlose Füllstoffe in der Nahrung verringert den Output
- **Bedarfsgerechte Fütterung:** Mit dem BARF-Konzept werden Fütterungsfehler vermieden.
- **Mehr Spaß und Abwechslung:** Das Kaubedürfnis des Tieres wird stärker befriedigt und es herrscht keine Langeweile im Napf.

EXKURS:
Verkürzte Lebenserwartung durch Fertigfutter

2003 untersuchten die Belgier G. Lippert und B. Sapy den Zusammenhang zwischen dem Wohlbefinden und der Lebenserwartung des Haushundes. Gegenstand der Studie war, den Einfluss verschiedener Faktoren auf die Lebensdauer von Hunden zu prüfen. Dabei wurden folgende Aspekte betrachtet: Geschlecht, Rasse, Größe, Gewicht, Hormonstatus (kastriert / intakt), Lebensbedingungen (Garten / kein Garten, Land / Stadt), familiäres Umfeld, Herkunft und Fütterung. Insgesamt wurden 522 Tiere 74 verschiedener Rassen analysiert. Die Untersuchung ergab, dass die Rasse und die Größe des Hundes Einfluss auf die Lebenserwartung haben, aber auch der Hormonstatus. Der größte Einflussfaktor war jedoch die Art der Fütterung.

Die Wissenschaftler stellten fest, dass Hunde, die mit vom Halter selbst zubereitetem Futter ernährt wurden, durchschnittlich 2,7 Jahre länger lebten als Hunde, die ausschließlich Fertigfutter erhielten. Bekamen die Hunde zu 50 % Fertigfutter und zu 50 % Hausmannskost, so war die Lebenserwartung im Vergleich zur Frischfütterung um ca. 1,7 Jahre verkürzt. Sie betrug also etwa 13,1 Jahre, wenn der Hund frisch gefüttert wurde, 11,4 Jahre bei einer gemischten Fütterung und nur 10,4 Jahre im Falle einer Fütterung mit Fertigfutter, ergo 20 % weniger Lebenszeit im Vergleich zu einer selbst zusammengestellten Hundekost.

Lebenserwartung des Hundes in Monaten in Abhängigkeit vom Futter

157 Monate – Selbst zubereitetes Futter   137 Monate – Gemischtes Futter   125 Monate – Fertigfutter

In dieser Studie wurde zwar nicht BARF betrachtet, sondern jede Art Futter, das vom Halter selbst zubereitet wurde, aber die Ergebnisse zeigen eindeutig, dass es von Vorteil für den Hund zu sein scheint, nicht mit Fertigfutter ernährt zu werden. Natürlich spielen dabei auch andere Faktoren eine Rolle wie etwa, dass Tierhalter, die sich die Mühe machen, Futter selbst zuzubereiten, vermutlich auch insgesamt umsichtiger im Umgang mit der Gesundheit ihrer Tiere sind. Man könnte außerdem meinen, dass in der Gruppe der mit Fertigfutter ernährten Tiere eher große Hunde und in jener, die „Hausmannskost" erhielt, eher kleine Hunde vertreten waren – die üblicherweise eine höhere Lebenserwartung haben. Dem ist aber nicht so. Laut Dr. Lippert herrschte diesbezüglich eine Gleichverteilung innerhalb der Gruppen. Demnach wurde in der Studie ein rasse- und größenunabhängiger, statistisch signifikanter Zusammenhang zwischen erhöhter Lebenserwartung und Frischfütterung festgestellt.

Die Autoren führten die Ergebnisse auf die bessere Qualität und Verdaulichkeit von Frischfutter im Vergleich zu industriellem Futter zurück. Sie vermuteten, dass die Verarbeitung von Fertigfutter (Erhitzung, Extrudierung etc.), enthaltene Chemikalien und die teils fragwürdige Güte der Zutaten (Pflanzenprotein für Fleischfresser, große Mengen an Kohlenhydraten etc.) dafür verantwortlich sind. Gerade BARF-Rationen zeichnen sich durch unbehandelte Zutaten sehr guter Qualität sowie hoher Verdaulichkeit aus und beinhalten außerdem keine bedenklichen Zusatzstoffe. Daher werden die von den Wissenschaftlern vermuteten Faktoren zur positiven Beeinflussung der Lebenserwartung auch bei der Ernährung mit BARF erfüllt.

Welche Nachteile hat BARF?

Wenn Vorteile zur Sprache kommen, dürfen auch die Nachteile einer Fütterungsart nicht unerwähnt bleiben. Und natürlich gibt es diese auch bei der artgerechten Ernährung mit BARF.
- **Mehr Zeitaufwand:** Es ist aufwendiger, eine Ration selbst zusammenzustellen, als eine durch den Hersteller angegebene Menge Fertigfutter in den Napf zu geben.
- **Tiefere Kenntnisse erforderlich:** Der Tierhalter muss sich bei BARF intensiver mit der Fütterung des Hundes befassen und muss erlernen, wie eine Ration bedarfsgerecht zusammenzustellen ist. Das ist etwas komplizierter, als einen Messbecher voll Pellets zu verfüttern.
- **Höherer Platzbedarf:** Die Lagerung von frischem Fleisch, Gemüse und Zusätzen erfordert mehr Platz als die Aufbewahrung eines Fertigfuttergebindes, wobei für kleine und mittlere Hunde oftmals ein Kühlfach bereits ausreichend ist.

Was wird sich durch BARF verändern?

Nachdem der Besitzer eine Futterumstellung auf BARF vorgenommen hat, treten in der Regel einige Veränderungen beim Tier auf. Laut einer finnischen Studie (Hielm-Björkman, A. (2013)) mit einer Befragung von über 630 Tierhaltern wird von wesentlichen Verbesserungen oder gar einem vollständigen Abklingen von Symptomen in Bezug auf Haut- und Fellprobleme (91 %), Magen-/Darmerkrankungen (94 %), Augenproblemen (87 %) und Erkrankungen der Harnwege (66 %) berichtet; es konnte sogar verhindert werden, dass einer der Hunde eingeschläfert werden mussten.

Die Besitzer stellten außerdem häufig die folgenden Veränderungen fest:
- verbesserte Fellqualität (20 %)
- verminderter unangenehmer Körpergeruch / verbesserte Verdauung (19 %)
- verbesserte Aktivität des Tieres (13 %) / allgemeines Wohlbefinden (11 %) / Laune (7 %)
- erhöhte Akzeptanz des Futters (35 %) / Sättigung (2 %)
- besseres Körpergewicht: Mehr Muskulatur (6 %) / gewünschte Gewichtszunahme oder -reduktion (3 %)

Nur wenige Halter berichteten, dass sie unzufrieden mit den Veränderungen waren (0,3 %) und nicht mehr weiter barfen wollten (0,5 %).

Kritiker betonen bei derartigen Studien stets, dass die Verbesserungen durch die Futterumstellung nicht von Veterinären dokumentiert und daher als nicht glaubhaft einzustufen sind. Den Haltern wird dann unterstellt, dass sie als Anhänger der Fütterungsmethode zwingend Veränderungen sehen wollten, weshalb sie sich diese einbildeten. Sicherlich ist ein Tierhalter kein Fachmann zur Beurteilung von Krankheitsbildern und leider wurde diese Studie auch nicht unter Laborbedingungen durchgeführt. Aber wenn z. B. die Tierarztrechnung sinkt, auf Vorher-Nachher-Bildern zu sehen ist, dass kahle Stellen im Fell nachgewachsen sind und es im Gegensatz zu vorher glänzt und der Durchfall auf einmal weg ist, dann gehen die Resultate offensichtlich über reine Halluzinationen hinaus. Dem Hund ist es letztendlich egal, wer ihm sein verbessertes Wohlbefinden bescheinigt.

GIBT ES RISIKEN BEI BARF?

Jedes Handeln geht mit Risiken einher, selbst die Nahrungsaufnahme: Wissen wir genau, was wir da zu uns nehmen? Ist unser Essen vielleicht mit gefährlichen Substanzen belastet? Ernähren wir uns richtig? Wenn wir uns schon selbst diese Fragen stellen, wie sieht es dann erst aus, wenn wir eine fremde Spezies, die auf uns angewiesen ist, ernähren sollen? Ja, auch die Fütterung eines Hundes ist mit Risiken behaftet und das ist natürlich auch bei BARF der Fall. Aber ohne Risiko gibt es keinen Nutzen.

Allgemeine Risiken bei der Fütterung

Die Risiken bei der Fütterung eines Hundes unterscheiden sich zunächst einmal nicht grundsätzlich – ganz unabhängig von der Fütterungsmethode. Nur die Risikoausprägung ist unterschiedlich. Generelle Risiken bei der Ernährung von Hunden sind:
- mögliche Fehler in der Rationsgestaltung,
- Kontamination der Nahrung mit Krankheitserregern,
- Verunreinigung des Futters mit gesundheitsschädlichen Substanzen und
- ernährungsbedingte Entstehung von Krankheiten.

Diese Problemfelder sind nicht nur bei selbst zusammengestellten Rationen zu finden. Denn auch kommerzielle Futtermittel bergen nachweislich Fehler in der Nährstoffzusammensetzung (z. B. tödliche Überdosierung von Vitamin D), können mit Krankheitserregern kontaminiert sein (z. B. Salmonellenfunde im Trockenfutter), enthalten gesundheitsschädliche Bestandteile (z. B. Ethoxyquin oder Schimmelpilzgifte) oder können Krankheiten fördern (z. B. Magendrehung durch Trockenfutter). Dennoch gibt es Unterschiede bezüglich der Risiken verschiedener Fütterungskonzepte.

Spezielle Risiken bei BARF und der Umgang mit ihnen

Einige der genannten Risiken treffen sowohl auf BARF als auch auf andere Fütterungsarten zu, andere sind BARF-spezifisch oder können durch BARF sogar umgangen werden. Die Eintrittswahrscheinlichkeiten der Risiken sind jedoch eher gering und andere können mit entsprechenden Gegenmaßnahmen minimiert werden, wie die folgenden Details zu den Risiken zeigen:

Erhöhte Gefahr von Fehlern in der Rationsgestaltung
Wer das Futter selbst zusammenstellt, kann Fehler machen. Einfach nur rohes Fleisch zu füttern, reicht nicht und provoziert gesundheitliche Probleme. Wer sich nicht an einen bedarfsdeckenden Plan hält, sondern konzeptlos roh füttert, riskiert eine Fehlversorgung.

Hält man sich jedoch an das BARF-Konzept und die korrekte Aufteilung der Futtermittel nach dem Beutetierprinzip und ergänzt die Ration sinnvoll, so kann es nicht zu einer Mangelernährung kommen. Warum Studien dennoch das Gegenteil behaupten, zeigt der folgende Exkurs.

EXKURS:
Studien zur Bedarfsdeckung mit BARF

Es gibt einige Studien und wissenschaftliche Arbeiten, die belegen sollen, dass Futter, das Hundehalter für ihre Tiere selbst zusammenstellen, angeblich nicht bedarfsdeckend sein soll. Kritiker des BARF-Konzeptes verweisen auf diese Studien, um zu betonen, dass auch BARF den Hund nicht ausreichend mit essenziellen Nährstoffen versorgt.

Beispiele für Studien:

Dillitzer, N. et al. (2011): „Intake of minerals, trace elements and vitamins in bone and raw food rations in adults dogs." Brit J Nutr. 2011; 106: 53–56.

Freeman, L. M., Michel K.E. (2001): „Evaluation of raw food diets." J Am Vet Med Assoc. 2001 (Vol. 218): 705–9.

Freeman, L. M. et al. (2013): „Current knowledge about the risks and benefits of raw meat–based diets for dogs and cats." J Am Vet Med Assoc. 2013 (Vol. 243): 1549–61.

Heinze, C. R. et al. (2012): „Assessment of commercial diets and recipes for home-prepared diets recommended for dogs with cancer." J Am Vet Med Assoc. 2012 (Vol. 241): 1453–60.

Larsen, J. A. et al. (2012): „Evaluation of recipes for home-prepared diets for dogs and cats with chronic kidney disease." J Am Vet Med Assoc. 2012 (Vol. 240): 532–8.

Schlesinger, D. P., Joffe, D. J. (2011): „Raw food diets in companion animals: A critical review." Can Vet J. 2011 (Vol. 52): 50–54.

Stockman, J. et al. (2013): „Evaluation of recipes for home-prepared maintenance diets for dogs." J Am Vet Med Assoc. 2013 (Vol. 242): 1500–5.

Taylor, M. B. et al. (2009): „Diffuse osteopenia and myelopathy in a puppy fed a diet composed of an organic premix and raw ground beef." J Am Vet Med Assoc. 2009 (Vol. 234): 1041–8.

Zimmermann, S. (2013): „Umfrage zum Thema Rohfütterung „BARF" unter Hundebesitzern in Österreich und Deutschland und rechnerische Überprüfung von BARF-Rationen." Diplomarbeit aus dem Department für Nutztiere und öffentliches Gesundheitswesen in der Veterinärmedizin der Veterinärmedizinischen Universität Wien. Wien, 2013.

Und weitere…

Einige der Studien sind natürlich auch so genannte Peer-Review-Studien. Sie wurden also durch „unabhängige" Gutachter vor der Veröffentlichung geprüft und gelten daher gegenüber Erfahrungsberichten von Hundehaltern oder historischen Erkenntnissen aus mehreren Tausend Jahren Hundehaltung als weitaus überlegen. All diese Studien haben eine Gemeinsamkeit: Sie wollen beweisen, dass vom Halter selbst zusammengestelltes Hundefutter in der Regel nicht bedarfsdeckend ist.

Zumeist ist das Ergebnis der Untersuchungen sogar sehr eindeutig, denn es werden oft überhaupt keine Rationen gefunden, die ausgewogen sind – übrigens nicht einmal die, die von Tierärzten konzipiert wurden. Erkenntnisse aus solchen Untersuchungen werden anschließend 1:1 auf BARF übertragen – unabhängig davon, was in der Studie nun wirklich untersucht wurde. Einige Studien geben allerdings auch explizit vor, BARF untersucht zu haben.

Kann das sein? Ist es möglich, dass ein Futter, das sich am Aufbau der natürlichen Nahrung eines Beutefressers orientiert, nicht ausgewogen ist? Und warum stützen die wissenschaftlichen Arbeiten eine solche These? Jeder kennt die Redewendung, dass man keiner Statistik trauen sollte, die man nicht selbst gefälscht hat. Das trifft auch auf veterinärmedizinische Studien zu, denn die Ergebnisse hängen von einer ganzen Reihe von Faktoren ab, die der Auftraggeber leicht beeinflussen kann.

Wer bezahlt eine Studie?
Zunächst einmal stellt sich die Frage, was mit einer Untersuchung bewiesen werden soll und wer ein Interesse daran haben könnte, eben dies zu belegen. Eine Studie, die z. B. von einem Hersteller von kommerziellem Hundefutter in Auftrag gegeben oder über Umwege finanziert wird und zum Ziel hat, nachzuweisen, dass BARF nicht bedarfsdeckend oder anderweitig kritisch zu betrachten ist, wird immer auch zu diesem Ergebnis kommen. Weil eben das das Ziel der Untersuchung ist. Es ist also wichtig zu wissen, wem das Ergebnis einer Studie nützen könnte und ob sich damit finanzielle Interessen verbinden lassen. Es ist naheliegend, dass die Barfer-Szene nicht über eine entsprechende Lobby oder Finanzkraft verfügt – ganz im Gegensatz zur Fertigfutterindustrie. Und leider geht es in der Wissenschaft nicht immer um Wissenszuwachs, sondern oft auch um Geld. Und das Resultat einer Untersuchung ist recht einfach beeinflussbar.

Was wird untersucht?
Ein wichtiger Einflussfaktor ist der Untersuchungsgegenstand. Die genannten Studien haben eins gemein: Entweder taucht der Begriff BARF gar nicht darin auf, wird nicht trennscharf von anderen Rohfütterungskonzepten abgegrenzt oder er wird nicht entsprechend der korrekten Definition verwendet. D. h. in den Studien werden Frisch- und Rohfütterung sowie BARF gleichgesetzt. Auf S. 11 ist erläutert, wie sich diese Fütterungskonzepte voneinander unterscheiden und warum das von Bedeutung ist. Dieser Umstand wird in den Studien für gewöhnlich ignoriert. Alles, was roh ist, wird BARF zugeordnet. Demzufolge werden in einigen der Studien Rationen kritisiert, die zu 80 % aus Reis und 20 % aus rohem Rind und Pferd bestehen (Schlesinger/Joffe (2011)) – was nicht BARF ist, sondern an Fahrlässigkeit grenzt. In keiner der vorliegenden Studien wird eine korrekte Definition des Begriffs vorgenommen! Das ist natürlich von Vorteil, wenn man belegen will, dass BARF nicht ausgewogen ist. Man untersucht einfach etwas völlig anderes und überträgt die so gewonnenen Erkenntnisse auf BARF.

Welche Untersuchungsmethode wird angewandt?
Häufig werden für Studien dieser Art Halterbefragungen durchgeführt. Dabei füllen die Besitzer einen Fragebogen zur Fütterung aus, den sie dann einschicken. Anhand dieser Fragebögen wird die Auswertung vorgenommen. Dabei ist entscheidend, wie man eine solche Befragung gestaltet. Es ist ein großer Unterschied, ob offene Fragen mit großem Spielraum für Fehler gewählt werden (z. B. Wie sieht eine Wochenration für Ihren Hund aus?) oder ob geschlossene Fragen verwendet werden, die sehr detailliert sind (z. B. Wie viel Rindermuskelfleisch füttern Sie pro Woche? Wie viel Lebertran füttern Sie pro Woche?). Die erste Fragetechnik ist viel besser geeignet, um Fehler zu provozieren, denn Befragte neigen dazu, Details zu vergessen oder Bögen dieser Art insgesamt nicht besonders sorgfältig auszufüllen. Außerdem ist der methodische Aufbau von Fragebögen für das Resultat entscheidend. So wurde in einer Studie zur Untersuchung von Durchfallerkrankungen bei roh gefütterten Tieren (Effenberger, T. (2008)) nach der Zusammensetzung des Futters gefragt. Dabei wurde jedes Tier, was z. B. ein Stück Rohwurst wie etwa Salami am Tag bekam, automatisch

der Gruppe der roh gefütterten Tiere zugeordnet, auch wenn das Hauptfutter nicht roh war. Auf diese Art und Weise kann das Ergebnis einer Befragung leicht beeinflusst werden. Und sollte doch mal ein Bogen dabei sein, der das Untersuchungsziel nicht stützt, könnte er immer noch aus „formalen Gründen" aus der Untersuchung ausgeschlossen werden…

Welche Daten werden zu Grunde gelegt?
Sämtliche Studien, die die Bedarfsdeckung von Hundefutter überprüfen, beziehen sich stets auf wissenschaftliche Bedarfswerte, die auf die Fütterung stark getreidehaltiger Rationen zugeschnitten sind. Diese Bedarfswerte sind aber für gebarfte Hunde viel zu hoch (mehr dazu auf S. 24). Es ist demnach gar nicht notwendig, diese Werte mit BARF zu erreichen und oftmals ohne entsprechende Mineralstoff- oder Vitaminpräparate auch gar nicht möglich. Keine einzige der genannten Studien geht von Bedarfswerten speziell für gebarfte Hunde aus, obwohl das eigentlich notwendig wäre. Sämtliche Studien verwenden also utopische Werte. In einer Untersuchung (Zimmermann, S. (2013)) wurden sogar die ohnehin schon unpassenden Werte zusätzlich falsch verwendet. Die Autorin hatte die empfohlene Tagesmenge mit der Maximalmenge verwechselt und dann festgestellt, dass „BARF" in jedem Fall zu einer Überversorgung führt. Den beiden Gutachtern dieser Arbeit war das leider entgangen. Mittlerweile wurde zwar eine korrigierte Version zu dieser Arbeit veröffentlicht und einige Tabellen angepasst, die Schlussfolgerungen aus der Studie (basierend auf verwechselten Werten) wurden jedoch nicht überarbeitet. Nach wie vor „beweist" diese Untersuchung, dass „BARF" unausgewogen ist. Werden falsche Bedarfswerte zu Grunde gelegt, muss die Untersuchung natürlich stets ergeben, dass BARF (oder das, was laut Studie als BARF bezeichnet wird) nicht bedarfsdeckend sein kann.

Wie werden die Daten ausgewertet?
Oftmals wird in Untersuchungen zum Thema BARF auf eine vollumfängliche statistische Auswertung der Ergebnisse verzichtet. In anderen Wissenschaftszweigen wäre das undenkbar und würde sofort als unwissenschaftlich gelten, bei der Veterinärmedizin scheint es kein Problem zu sein. Zwar wird meist die Häufigkeit der einzelnen Antworten ermittelt (wobei immer wieder auffällig viele Fehler unterlaufen), aber um eine Aussage zur statistischen Relevanz der Ergebnisse treffen zu können, müssten korrekterweise weitere Messgrößen und Variablen mit entsprechenden Tests untersucht werden. Es stehen oft auch nur geringe Mengen auswertbarer Fragebögen zur Verfügung. Ausgehend von einer recht großen Grundgesamtheit (in Deutschland werden ca. 8 % der 5 Mio. Hunde mit selbst zubereiten Mahlzeiten gefüttert, auch wenn die nicht alle „roh" sind) sind Stichprobenfehler nicht auszuschließen, weshalb eine Überprüfung der statistischen Signifikanz der Ergebnisse wissenschaftlich korrekt wäre, aber eher selten stattfindet. Das führt gegebenenfalls zu einer Verzerrung der Ergebnisse.

Wie sinnvoll sind die Studien?
Offensichtlich gibt es eine ganze Reihe von Stellschrauben zur Beeinflussung eines Studienergebnisses. Außerdem scheint es bis heute keine Studie zu geben, in der tatsächlich BARF untersucht wurde. Demnach können die Erkenntnisse aus den Studien auch nicht auf diese spezielle Fütterungsart übertragen werden. Die Sorge, dass BARF nicht ausgewogen sei, ist unbegründet. Eine einfache und transparente rechnerische Überprüfung einer echten BARF-Ration (S. 13) sowie die Ausführungen zu Bedarfswertanpassungen für gebarfte Hunde (S. 24) zeigen, dass BARF sehr wohl bedarfsdeckend ist.

Um zu belegen, dass das auf dem Beutetierkonzept basierende BARF bedarfsdeckend ist, benötigt man aber keine Studien. Es genügt ein Blick in die Natur. Es gibt etwa 270 Arten Raubtiere auf dieser Welt. Alle ernähren sich von Beutetieren. Schon immer. Wäre es nicht möglich, den Nährstoffbedarf eines Beutefressers reinweg darüber zu decken, so wären sämtliche Wölfe, Kojoten, Schakale und Füchse längst ausgestorben. Es funktioniert also in der Natur, nur bei Hunden (und Katzen) soll das angeblich nicht umsetzbar sein.

Kritiker verweisen dabei wieder auf die Unmöglichkeit, ein Beutetier ideal nachzuahmen oder darauf, dass ein Hund kein wild lebendes Raubtier ist, weshalb es nicht möglich sei, den Hund mit selbsterstellten Rationen bedarfsgerecht zu versorgen. Die Geschichte zeigt aber, dass auch das nicht stimmen kann, denn die vierbeinigen Haustiere würden sonst ebenfalls längst nicht mehr existieren. Fertigfutter und Ergänzungsfuttermittel gibt es erst seit Ende des 19. Jahrhunderts – also mehrere Tausend Jahre nach der Domestikation des Hundes. Die flächendeckende Verbreitung von Industriefutter und Zusätzen, wie sie heute anzutreffen ist, fand sogar erst viel später statt. In der ehemaligen DDR war bis in die 70er-Jahre kein Fertigfutter verfügbar und dennoch waren die Hunde nicht missgebildet. Mit der Verbreitung von kommerziellem Futter ging auch nicht unbedingt eine Erhöhung der Lebenserwartung des Haushundes einher. Es gibt keine einzige Studie, die das belegt.

Unabhängig von der historischen Entwicklung, die zeigt, dass eine natürliche und dennoch bedarfsgerechte Ernährung von Haushunden ohne Fertigfutter möglich sein muss, kann anhand von rechnerischen Überprüfungen einer korrekt konzipierten BARF-Ration belegt werden, dass keine Unter- oder Überversorgung mit Nährstoffen zu erwarten ist.

Die folgenden Tabellen zeigen den optimalen Nährstoffbedarf eines ausgewachsenen 30 kg schweren Hundes nach den Vorgaben des National Research Council (→ NRC) und stellt die Nährstoffversorgung mit einem normalen BARF-Plan, wie er in diesem Buch beschrieben wird, und einem von Wissenschaftlern konzipierten Fertigfutter, gegenüber.

Nährstoffbedarf und -deckung mit BARF und einem Trockenfutter

Nährstoff	Optimale Bedarfsdeckung nach NRC	Sichere Maximalzufuhr nach NRC	Versorgung pro Tag mit BARF (600 g)	Versorgung mit 360 g Royal Canin Maxi Adult
Calcium	1.666,4 mg	k. A.	1.906,0 mg	4.320,0 mg
Phosphor	1.281,9 mg	k. A.	1.654,0 mg	2.880,0 mg
Magnesium	252,5 mg	k. A.	**228,0 mg**	288,0 mg
Natrium	335,8 mg	k. A.	450,0 mg	1.440,0 mg
Kalium	1.794,6 mg	k. A.	**1.789,0 mg**	2.520,0 mg
Eisen	12,8 mg	k. A.	36,0 mg	66,6 mg
Kupfer	2,6 mg	k. A.	4,0 mg	5,4 mg
Zink	25,6 mg	k. A.	**13,6 mg**	74,9 mg
Mangan	2,1 mg	k. A.	**1,0 mg**	24,1 mg
Iod	379,4 µg	k. A.	538,0 µg	1.764,0 µg
Selen	151,3 µg	k. A.	**100,0 µg**	**101,0 µg**

Nährstoff	Optimale Bedarfsdeckung nach NRC	Sichere Maximalzufuhr nach NRC	Versorgung pro Tag mit BARF (600 g)	Versorgung mit 360 g Royal Canin Maxi Adult
Vitamin A	512,7 µg	26.906,0 µg	1.213,0 µg	1.836,0 µg
Vitamin D	5,8 µg	32,0 µg	6,7 µg	9,0 µg
Vitamin E	10,3 mg	k. A.	42,0 mg	180,0 mg
Vitamin K1	k. A.	k. A.	0,8 mg	k. A.
Vitamin B1	0,8 mg	k. A.	1,0 mg	1,5 mg
Vitamin B2	2,2 mg	k. A.	2,3 mg	**1,4 mg**
Vitamin B3	5,8 mg	k. A.	23,1 mg	**5,4 mg**
Vitamin B5	5,0 mg	k. A.	6,9 mg	9,1 mg
Vitamin B6	0,5 mg	k. A.	2,1 mg	3,0 mg
Vitamin B12	11,8 µg	k. A.	37,2 mg	25,2 µg
Biotin	k. A.	k. A.	74,9 µg	388,8 µg
Folsäure	91,0 µg	k. A.	213,0 µg	324,0 µg

(Quellen: National Research Council (2006): Nutrient Requirements of Cats and Dogs, S. 359 f., eigene Berechnungen und http://www.royal-canin.de)

Offensichtlich werden mit BARF die meisten Nährstoffe bereits rein rechnerisch bedarfsgerecht zugeführt. Auch das Trockenfutter liefert fast alle Nährstoffe gemäß den Empfehlungen des NRC. Selbst das bei Hundehaltern gefürchtete Calcium-Phosphor-Verhältnis, also Calciummenge im Futter im Verhältnis zur Phosphormenge, ist bei BARF mit 1,2:1 ideal. Es findet bei keiner der beiden Fütterungsmethoden eine bedenkliche Überversorgung mit Nährstoffen statt. In den meisten Fällen übertreffen die Nährwerte des Fertigfutters aber dennoch wesentlich stärker die als optimal geltende Bedarfsdeckung, als es bei der BARF-Ration der Fall ist.

Augenscheinlich gibt es bei BARF aber im Hinblick auf die Versorgung mit Magnesium, Kalium, Zink und Selen Defizite. Ist das problematisch?

Nein, ist es nicht. Denn erstens entspricht die optimale Zufuhr nicht der Minimalzufuhr. Diese ist oftmals wesentlich geringer, weil sie keine Sicherheitsaufschläge enthält. Viel wichtiger ist aber, dass die Studien, auf die sich das NRC beruft und die somit diesen Bedarfswerten zugrunde liegen, gar keine Werte für gebarfte Hunde angeben, sondern für Hunde, die mit kommerziellen Futtermitteln ernährt werden. Betrachtet man die Angaben zu den Bedarfswerten im Detail, so stellt man fest, dass diese für einen gebarften Hund viel zu hoch angesetzt sind. Derart hohe Werte müssen mit BARF demnach gar nicht erreicht werden. Ein nach dem BARF-Konzept erstellter Futterplan ist also bedarfsdeckend, auch in Bezug auf die scheinbar abweichenden Werte. Mehr Informationen dazu liefert der folgende Exkurs.

EXKURS:
Bedarfswerte für gebarfte Hunde

Kritiker des BARF-Konzeptes empfehlen oftmals, die Ration für einen Hund anhand von Bedarfswerten zu gestalten. Das „Zurechtbiegen" eines BARF-Planes läuft meist darauf hinaus, dass das Rohfutter mit Vitaminen und Mineralstoffen angereichert werden muss, um die Vorgaben zu erreichen. Die Frage ist allerdings, ob das wirklich sinnvoll und überhaupt nötig ist, denn diese Zusätze kosten natürlich Geld und enthalten oftmals auch synthetische Vitamine, die teilweise gesundheitsschädlich sind (Lawson K. A. et al: (2007), Kenneth J. R. et al. (1995), The Alpha-Tocopherol Beta Carotene Cancer Prevention Study Group (1994)).

Standard-Bedarfswerte für gebarfte Hunde?

Warum sollen die Bedarfswerte nicht zutreffen? Nun, das hat etwas mit dem Versuchsaufbau der Studien zu tun. Die wissenschaftlich ermittelten Daten, auf die man sich stets bezieht, wurden anhand von Versuchstieren ermittelt, deren Futter nicht ansatzweise mit einer BARF-Ration zu vergleichen ist. Im Labor kommen oft Futtermischungen zum Einsatz, die zum Großteil aus pflanzlichen Futtermitteln bestehen. Anhand dieser so gefütterten (wenigen) Labortiere werden dann die Bedarfswerte ermittelt.

Um zu verdeutlichen, wie stark sich ein solches Laborfutter von BARF unterscheidet, ist im Folgenden die Zusammensetzung einer 100-g-Ration aus einer Studie zur Ermittlung des Calciumbedarfs von Welpen (Nap, R. C. et al. (1993)) dargestellt:

Kartoffelstärke:	25,0 g	Talg:	6,0 g	Sojaöl:	2,0 g
Weizenmehl:	19,0 g	Blutmehl:	5,2 g	Cellulose:	1,0 g
Maisfuttermehl:	12,5 g	Kasein:	4,8 g	BHT:	0,1 g
Sojamehl:	8,7 g	Maisgluten:	5,0 g		
Vitaminmischung:	6,0 g	Zucker:	5,0 g		

Es ist nicht zu übersehen, dass diese Mischung (84 % pflanzlicher Anteil) sehr stark von fleischbasierter Nahrung, wie im Falle von BARF (80 % tierischer Anteil), abweicht. Dieser Umstand verändert die Bedarfswerte eines Hundes und ist folgendermaßen zu erklären:

Die Inhaltsstoffe der Futtermittel beeinflussen einander. Im Körper findet ein komplexes Zusammenspiel einzelner Stoffe statt und bestimmte Stoffe, s. g. diätische Antagonisten – auch antinutritive Substanzen oder allgemein Störstoffe genannt – können die Bioverfügbarkeit einiger Nährstoffe sehr stark einschränken. Die Bioverfügbarkeit gibt an, welcher Anteil eines Nährstoffs vom Körper absorbiert werden kann. So hemmt z. B. ein in Getreide oder Soja vorkommender antinutritiver Stoff namens Phytinsäure die Aufnahme von Calcium, Magnesium, Mangan, Eisen und Zink. Auch Cellulose erhöht den Bedarf von einigen Nährstoffen, z. B. von Kalium. Das heißt, dass ein Tier, das sehr viel Getreide, Soja oder Cellulose bekommt, zwingendermaßen wesentlich mehr von diesen Mineralstoffen aufnehmen muss als ein Tier, das gar keinen oder nur einen geringen Anteil dieser Futtermittel frisst.

In den wissenschaftlichen Bedarfswerten wird diesem Umstand Rechnung getragen, indem meist von einer entsprechend gesenkten Bioverfügbarkeit ausgegangen wird. Die Werte werden also mit teilweise erheblichen Aufschlägen versehen.

Das hat zur Folge, dass die verfügbaren Bedarfswerte für Hunde, die nach dem BARF-Konzept ernährt werden, teilweise viel zu hoch sind. Denn bei BARF ist schließlich nicht Getreide oder Soja die Grundlage, sondern eben Fleisch, in dem sich keine Antinährstoffe befinden. Die hohen Werte spiegeln also nicht den tatsächlichen Bedarf eines gebarften Tieres wider und können daher auch nicht unreflektiert übertragen und unangepasst verwendet werden. Genau das geschieht aber bei einer Berechnung des Futterplans anhand von den verfügbaren wissenschaftlichen Bedarfswerten, denn eine Adaption wird fast nie vorgenommen. Ein Vorgehen, das äußerst fragwürdig ist.

Im Folgenden werden die in einem Standard-BARF-Plan nicht erreichten Bedarfswerte, nämlich Zink, Magnesium, Kalium, Mangan, Selen, Kupfer und Calcium, genauer betrachtet.

Zink
Die Bioverfügbarkeit von Zink hängt gemäß Studienlage von verschiedenen Faktoren ab: nämlich vom Vorhandensein diätischer Antagonisten (z. B. Phytinsäure in Getreide/Soja oder großer Mengen an Calcium), von der Herkunft des Zinks (tierische Quellen gelten als besser verfügbar als pflanzliche Quellen) und von der Gesamtzufuhr (je mehr Zink zugeführt wird, desto weniger wird absorbiert). Daher wird beim normalen Zinkbedarfswert, der eben auf Tiere abgestimmt ist, auf die diese Faktoren zutreffen, von einer Bioverfügbarkeit von nur 25 % ausgegangen. Bei BARF besteht aber eine wesentlich höhere Bioverfügbarkeit, d. h. es muss weniger Zink aufgenommen werden. Es existieren keine Studien zu gebarften Hunden, aber in Studien an anderen Spezies wurde festgestellt, dass die Bioverfügbarkeit bei einer omnivoren Mischkost mit geringen Störstoffgehalten auf über 75 % ansteigt. Da der Effekt bei einer fleischbetonten Kost noch größer sein dürfte, kann der Bedarfswert für gebarfte Hunde mehr als halbiert werden.

Magnesium
Bei Magnesium ist es ähnlich. Die Bioverfügbarkeit hängt vom Vorhandensein diätischer Antagonisten ab und der NRC-Bedarfswert berücksichtigt dies, indem von einer Bioverfügbarkeit von nur 30 % ausgegangen wird. Somit enthält er bereits Sicherheitsaufschläge, da kommerzielles Futter viele dieser Antagonisten liefert. BARF hingegen enthält wesentlich weniger Störstoffe, weshalb der Bedarfswert für gebarfte Hunde niedriger ist.

Kalium
Auch der Kalium-Bedarfswert ist bei BARF nicht zutreffend. Die Kaliumaufnahme wird durch bestimmte Faktoren gehemmt: So steigt der Bedarf bei der Fütterung von Kohlenhydraten, genauer gesagt Stärke oder Cellulose, an, denn die Bioverfügbarkeit sinkt von 95,2 % bei geringem, auf 72 % bei hohem Polysaccharid-Gehalt. BARF liefert kaum solche Zutaten, sodass der Kalium-Bedarf geringer sein muss.

Mangan
Bei Mangan gehen die Wissenschaftler von einer sehr geringen Bioverfügbarkeit von nur 10 % aus. In Studien an anderen Spezies wurde allerdings festgestellt, dass etwa doppelt so viel Mangan absorbiert wird, wenn die Tiere ein Futter ohne Phytinsäure erhalten. Für Milchprodukte ist sogar eine Bioverfügbarkeit von bis zu 90 % bekannt. Es ist außerdem bewiesen, dass größere Mengen an Calcium und Eisen die Aufnahme von Mangan hemmen. Da BARF kaum Phytinsäure liefert und zudem weniger Calcium und Eisen enthält als Fertigfutter, muss auch der Mangan-Bedarfswert für gebarfte Hunde wesentlich geringer sein.

Selen
Bei Selen tritt ein anderes Phänomen auf. Dieser Bedarfswert ist ein reiner Schätzwert, weil keine Studien vorliegen. Hier wurde einfach der Bedarfswert von Welpen übernommen.

Kupfer
In einigen BARF-Plänen wird außerdem der Kupfer-Bedarfswert nicht erreicht. Den Studien zu diesem Bedarfswert ist zu entnehmen, dass die Kupferabsorption durch hohe Mengen Calcium, Eisen und Zink beeinträchtigt wird, daher geht man von einer Bioverfügbarkeit von nur 30 % aus. BARF liefert aber viel weniger Calcium, Eisen und Zink als handelsübliches kommerzielles Futter, sodass der Bedarfswert auch hier niedriger anzusetzen ist.

Calcium
Der Calcium-Bedarfswert wird mit BARF für erwachsene Hunde zwar immer erreicht, für Welpen jedoch oft nicht. Auch hier sind etwaige Bedenken jedoch unbegründet, denn bei diesem Wert geht man von einer Bioverfügbarkeit von nur 50 % aus, weil die im Laborfutter vorkommende Phytinsäure auch die Aufnahme von Calcium erheblich hemmt. Der anhand der o. g. Ration ermittelte Bedarfswert kann für gebarfte Hunde daher nicht zutreffen und ist demnach wesentlich niedriger anzusetzen.

Aufgrund des Vorhandenseins antinutritiver Substanzen im Laborfutter weichen auch noch weitere Bedarfswerte für gebarfte Hunde ab. Da diese aber in der Regel bereits rein rechnerisch erfüllt werden, wird an dieser Stelle nicht näher darauf eingegangen.

Bedarfswerte trotzdem übernehmen?

Hält man sich an die zu hohen Bedarfswerte, werden einige Nährstoffe natürlich zu hoch dosiert – das kann negative Konsequenzen für den Hund haben. Eine Überversorgung ist nämlich ebenso schädlich wie eine Unterversorgung. Selbst wenn keine bedenkliche Dosierung erreicht wird, kann ein Nährstoffüberschuss sogenannte sekundäre Nährstoffmängel nach sich ziehen. Das bedeutet, dass der überschüssige Nährstoff die Aufnahme eines anderen Nährstoffs einschränkt. Dieser Zusammenhang besteht z. B. zwischen Zink und Kupfer oder Calcium und Magnesium. Bei einem Zinküberschuss entsteht also ein sekundärer Mangel an Kupfer. Das Tier leidet dann an einem Kupfermangel, obwohl mit der Nahrung eigentlich ausreichend davon zugeführt wird.

Was aber tun, wenn man keine korrekten Bedarfswerte heranziehen kann? Um den Bedarf zu decken, muss man sich also einer Hilfe bedienen, nämlich dem Beutetierkonzept. Es mag zwar keine wissenschaftlich belegte Herangehensweise sein, spiegelt aber ein über Jahrtausende der Evolution optimiertes und milliardenfach erprobtes Konzept wider, welches immer funktioniert hat und stets bedarfsdeckend ist. Andernfalls würde kein wildes Raubtier auf diesem Planten überleben. Das Beutetier als Vorbild liefert demnach die korrekten Bedarfswerte für einen gebarften Hund.

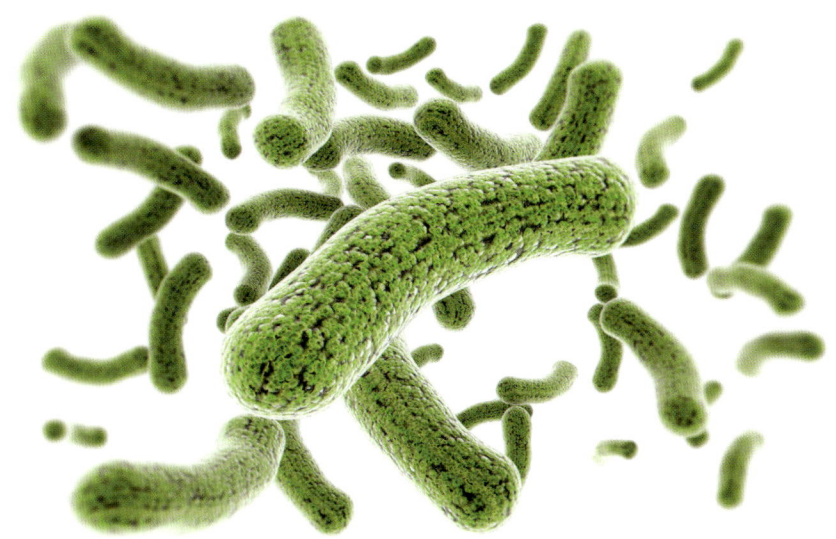

Erhöhtes Risiko einer Kontamination mit Krankheitserregern
Dass rohes Fleisch stärker und häufiger mit Bakterien, Viren, Protozoen (→ mikroskopisch kleine, aus einer einzigen Zelle bestehende Tierchen) wie z. B. Giardien oder Würmern belastet sein kann als gekochtes Futter, ist unstrittig.

Die Frage ist also, ob die in rohem Fleisch enthaltenen Krankheitserreger (→ auch Pathogene genannt) automatisch erstens dem Hund und zweitens vor allem dem Besitzer oder anderen Menschen im Umfeld des Tieres (Stichwort: Zoonosen → vom Tier auf den Menschen übertragbare Krankheiten) schaden. Ist dem so?

In rohem Fleisch könnten sich z. B. folgende Krankheitserreger befinden: Campylobacter, EHEC, Listerien, Salmonellen, Shigellen, Staphylokokken, Yersinien, Kokzidien, Toxoplasma, Neospora, Bandwürmer oder Spulwürmer. Das ist nicht immer der Fall, könnte aber sein.

Das Verdauungssystem des Hundes ist darauf angepasst, derartigen Pathogenen zu begegnen. Wie alle Beutefresser können Hunde sogar Aas fressen, was bekanntermaßen sehr stark mit Krankheitserregern belastet ist. Um beim Verzehr kontaminierten Fleisches nicht zu erkranken, verfügen Fleischfresser wie der Hund über Magensäure, die mit einem pH-Wert von bis zu 1 sehr sauer ist und somit ungünstige Bedingungen für Pathogene schafft. Die im Fleisch vorkommenden Bakterien werden zumeist bei einem pH-Wert von 3–4 unschädlich gemacht, stellen also für einen Hund kein großes Problem dar. Denn die Mikroorganismen, welche das Säurebad überstehen, werden über den kurzen Darm des Hundes recht schnell wieder ausgeschieden. Die Protozoen und Würmer sind jedoch häufig resistent gegen Magensäure. Dennoch scheinen Hunde, die von Natur aus darauf eingerichtet sind, solchen Krankheitserregern zu begegnen, keine Probleme damit zu haben, sofern sie nicht gesundheitlich angeschlagen sind.

Für Hunde scheinen die Krankheitserreger also wenig problematisch zu sein. Aber was ist mit dem Menschen? Sind wir gefährdet? Bei sämtlichen in Betracht kommenden Erregern ist das Risiko einer Ansteckung des Menschen durch einen gebarften Hund eher gering, denn
- die Erreger haben entweder gar keine zoonotische Bedeutung (z. B. Kokzidien),
- kommen in Deutschland äußerst selten vor (z. B. Hundebandwurm),
- werden durch einwöchiges Einfrieren des Fleisches bei -17 bis -20 °C abgetötet (z. B. Spulwürmer, Giardien und Toxoplasma),
- eine direkte Ansteckung durch einen Hund ist gar nicht möglich (z. B. Spulwürmer),
- eine direkte Infektion ist theoretisch möglich, tritt aber praktisch nie auf (z. B. Salmonellen).

Das zeigt natürlich, dass das Risikopotenzial von BARF diesbezüglich nicht unbedingt groß zu sein scheint. Dennoch ist Obacht geboten, wenn Kleinkinder, ältere oder immunschwache Menschen mit im Haushalt leben. Daher stehen bei BARF Vorsichtsmaßnahmen wie Hygiene und Sauberkeit sowie die angemessene Beschaffung und Lagerung von rohem Fleisch im Vordergrund. Diese Maßnahmen reichen aus, um das ohnehin schon geringe Risiko weiter zu reduzieren.

Es sei an dieser Stelle angemerkt, dass auch im Zusammenhang mit Fertigfutter auf derartige Vorkehrungen zu achten ist. In einer Untersuchung (Association for Truth in Pet Food (2015)) von zwölf verschiedenen Dosen- sowie Trockenfutterprodukten fanden amerikanische Wissenschaftler heraus, dass sämtliche getesteten Sorten mit pathogenen, teilweise multiresistenten Bakterien belastet waren, darunter Acinetobacter, Pseudomonas, Streptokokken und Staphylokokken. Allein 2014 gab es in den USA fünf Rückrufaktionen für Fertigfutter wegen Salmonellenkontamination und eine wegen einer Belastung mit Listerien.

Zusätzliches Risiko der Verletzungsgefahr bei der Futteraufnahme
Sicherlich birgt die Fütterung mit Knochen und großen Fleischbrocken größere Gefahren bei der Futteraufnahme als bei der Gabe von Fertigfutter. Beispielsweise könnte der Hund sich an Knochen einen Zahn abbrechen. Die Risiken sind aber als gering zu bewerten, denn ein Hund ist anatomisch darauf ausgerichtet, Beutetiere mit Haut, Haaren und Knochen zu fressen. Wer sicher sein möchte, verwendet gewolfte Knochen bzw. ein Knochenmehl oder füttert Fleisch in etwas kleineren Stücken, die der Hund problemlos herunterschlucken kann.

Geringeres Risiko der Verunreinigung mit gesundheitsschädlichen Substanzen
Da das Futter vom Halter zuhause zusammengestellt wird, ist das Risiko sehr gering, dass bedenkliche Zusatz-, Farb- und Konservierungsstoffe im Futter landen, auch wenn natürlich ein Restrisiko bleibt, weil das Fleisch an sich z. B. mit Dioxin belastet sein könnte. In diesem Zusammenhang wird oft auch die Belastung von Fleisch mit Antibiotika erwähnt. Abgesehen davon, dass derartiges Fleisch auch im Fertigfutter landet, kann dies umgangen werden, indem auf Fleisch aus verlässlichen Quellen zurückgegriffen wird.

Geringeres Risiko der Entstehung ernährungsbedingter Krankheiten
Da BARF eine natürliche Fütterung von Hunden darstellt, sind sogenannte Zivilisationskrankheiten, welche auf die nicht-artgerechte Ernährung mit teilweise stark behandelten oder unpassenden Futtermitteln zurückzuführen sind (z. B. Magendrehungen, Darmflorafehlbesiedelungen oder Gelenkerkrankungen) unwahrscheinlicher, wenn auch nicht gänzlich ausgeschlossen, da multifaktoriell bedingt.

EXKURS:
Krankheitserreger

Salmonellen

In Bezug auf BARF wird vor allem vor der Gefahr einer Salmonellose gewarnt. Betrachtet man die Situation etwas genauer, so stellt man fest, dass nicht nur gebarfte Hunde ständig mit Salmonellen in Kontakt kommen und dass sie selbst nur selten daran erkranken (häufige Infektionsquellen sind beispielsweise Trockenkauartikel). Demnach besteht für den Hund selbst keine große Gefahr. Infizierte Hunde scheiden jedoch Salmonellen aus. Diese können dann auf den Menschen übertragen werden.

Stellt also ein Hund, der Salmonellen ausscheidet, eine Gefahr für Menschen dar? Theoretisch schon, praktisch nicht. Fragt man beim Robert-Koch-Institut nach, so erhält man die Antwort, dass es in Deutschland keine dokumentierten Fälle einer direkten Ansteckung eines Menschen durch einen Hund gibt, obwohl Hunde recht häufig Träger dieser Bakterien sind. Beleuchtet man die genauen Umstände von Salmonellen-Infektionen im Zusammenhang mit der Hundehaltung, so erfährt man, dass eine Ansteckung eher durch den Tierhalter selbst erfolgt. Und zwar dann, wenn dieser vermeintlich unbedenkliche, aber dennoch kontaminierte Futtermittel berührt und sich dann über die eigenen Hände infiziert.

Demnach ist Hygiene die beste Vorsorge gegen eine Infektion. Man sollte sich einfach stets gründlich die Hände waschen, nachdem man mit rohem Fleisch, getrockneten Kauartikeln oder dem Kot des Hundes in Berührung gekommen ist.

Abgesehen davon sollte man bei Risiken und deren Bewertung auch immer eine relative Betrachtung durchführen. Während in Deutschland im Jahr 2013 insgesamt 0 Menschen durch Hunde mit einer Salmonellose infiziert wurden (18.986 über andere Wege), wurden 100 Menschen vom Blitz getroffen und es ereigneten sich 291.105 Verkehrsunfälle mit Personenschaden, darunter 64.057 Schwerverletzte. Man sollte also aus Risikogesichtspunkten lieber von der Straße fernbleiben, als aufgrund der Angst vor Salmonellen im Fleisch auf BARF zu verzichten.

Parasiten

Im Zusammenhang mit BARF wird auch immer wieder vor Parasiten gewarnt, denn diese können sich in rohem Fleisch befinden. Darüber werden sie vom Hund aufgenommen und gelangen so in dessen Verdauungstrakt. Viele Veterinäre empfehlen daher, Hunde, die gebarft werden, alle sechs Wochen zu entwurmen. Doch ist das sinnvoll?

Ein interessanter Fakt ist zunächst einmal die Tatsache, dass die meisten Würmer oder deren Vorstadien – sofern sich überhaupt welche in rohem Fleisch befinden sollten – beim Einfrieren bei -17 bis -20 °C nach einer Woche absterben. Damit besteht für die meisten gebarften Hunde ohnehin kein erhöhtes Risiko, denn das Futterfleisch wird meist tiefgekühlt gelagert.

Die Frage ist aber, inwieweit regelmäßige Entwurmungen das Risiko einer Ansteckung des Menschen durch den Hund reduzieren. Vor diesem Hintergrund ist zunächst einmal von Belang, welche Parasiten der menschlichen Gesundheit schaden können. Problematisch für den Menschen können Hakenwürmer, Herzwürmer, der Hunde- bzw. Fuchsbandwurm, Giardien und Spulwürmer sein. Denn diese Parasiten können sogenannte Zoonosen auslösen.

Und welche Relevanz haben diese Parasiten für Hundehalter in Deutschland? Zoonotische Hakenwürmer, der Hundebandwurm und Herzwürmer kommen hierzulande äußerst selten vor. Eine Ansteckung ist nahezu ausgeschlossen. Es ist eher bei Reisen in tropische Länder Vorsicht geboten.

Der Fuchsbandwurm ist hier bei Hunden ebenfalls selten und wird in der Regel durch den Verzehr infizierter Nager auf das Tier übertragen. Infektionen gehen meist von Füchsen aus, wobei die Anzahl der Erkrankungen bei Menschen insgesamt sehr gering ist (Deutschland 2013: 37 Fälle). Zu den Risikogruppen zählen vor allem Bauern, Jäger und Waldarbeiter.

Giardien können zwar auf Menschen übertragen werden und Hunde sind auch vielfach damit infiziert, jedoch lösen die meisten Genotypen, die bei Hunden vorkommen, keine Zoonosen aus.

Spulwürmer sind bei Hunden am häufigsten verbreitet. Betroffen sind vor allem Welpen. Eine direkte Infektion durch Hunde ist laut Robert-Koch-Institut wegen der langen Reifungszeit der Eier jedoch nicht möglich. Diese gelangen eher über den Kot der Tiere in den Boden und können dort z. B. von Kleinkindern aufgenommen werden, die kontaminierte Erde oder Sand in den Mund nehmen.

Ein potenzielles Risiko geht in Deutschland also eigentlich nur von Spulwürmern oder dem Fuchsbandwurm aus. Die Frage ist: Schützen uns regelmäßige Entwurmungen vor einer Ansteckung? Ein normales Wurmmittel wirkt meist gegen Spulwürmer, Bandwürmer und Hakenwürmer. Nicht immer inbegriffen ist ein Wirkstoff gegen Giardien oder den Hunde- bzw. Fuchsbandwurm.

Was also nützt das im Hinblick auf Risiken? Im Falle eines Spulwurmbefalls ist ohnehin keine direkte Übertragung auf den Menschen möglich und ein Befall mit Fuchsbandwürmern ist für Hundehalter, die weder im land- oder forstwirtschaftlichen Bereich tätig sind, ausgesprochen unwahrscheinlich. Also nützt die „prophylaktische" Entwurmung nicht besonders viel.

Das zeigt, dass auch beim Thema Würmer Hygiene und Kontrolle im Vordergrund stehen sollten: Hunde sollten ihr Geschäft nicht dort verrichten, wo Kinder spielen und Hundehalter sowie deren Kinder sollten auf regelmäßiges Händewaschen achten. Hunde sollten außerdem davon abgehalten werden, Nager zu fressen und keinen Kontakt zu Wildtieren, vor allem Füchsen, haben. Wenn Kleinkinder mit im Haushalt leben oder ein Hund jagdlich geführt wird, sollten zudem regelmäßig Kotproben untersucht werden. Sofern ein Wurmbefall vorliegt, muss dieser natürlich mit dem passenden Wurmmittel behandelt werden.

Anzumerken ist außerdem, dass man durch eine wurmwidrige Ernährung des Hundes, wie sie oft bei BARF zu finden ist (z. B. mit Kokosflocken, Kürbiskernen oder Knoblauch), durchaus schlechte Bedingungen für Parasiten schaffen kann. Gerade gegen Spulwürmer ist die effektive Wirkung von Kokos sogar wissenschaftlich belegt: Die in nativem Kokosöl enthalten Biphenyle töten sie zuverlässig und nebenwirkungsfrei ab.

DIE BARF-MYTHEN

Neben tatsächlichen Nachteilen und Risiken bei BARF gibt es noch eine ganze Reihe von Mythen, die um dieses Thema kursieren und Ängste schüren. Sie werden gern von Kritikern angeführt, mit dem Ziel, den verunsicherten Tierhalter wieder in Richtung Fertigfuttergabe zu drängen. Diese Äußerungen sollten jedoch bei einem barfenden Hundehalter keine Verunsicherung erzeugen, denn im Unterschied zu Fakten zeichnen sich Mythen nicht durch einen besonders hohen Wahrheitsgehalt aus.

BARF liefert zu viel Eiweiß

Das Vorurteil, BARF sei zu eiweißreich und damit schädlich für den Hund, hält sich hartnäckig. Die Frage, die sich zunächst stellt, ist, warum eine überhöhte Eiweißaufnahme überhaupt problematisch ist. Das hat damit zu tun, dass bei der Verwertung der überschüssigen Proteine in der Leber Ammoniak freigesetzt wird, das den Organismus schädigt. Daher muss es vom Körper abgebaut werden, wobei ein weiteres Abbauprodukt, nämlich Harnstoff entsteht, der dann über die Nieren ausgeschieden werden muss. Organschädigungen aufgrund einer langfristigen Überversorgung mit Eiweiß konnten bisher nicht nachgewiesen werden, weswegen sich die Frage stellt, ob überschüssiges Eiweiß für den Hund überhaupt schädlich ist. Allerdings bleibt es insgesamt fraglich, ob es sinnvoll sein kann, mehr Eiweiß zuzuführen als notwendig ist.

Um zu klären, ob dahingehend tatsächlich Grund zur Sorge besteht, muss lediglich der Eiweißbedarf des Hundes mit den tatsächlich durch BARF aufgenommenen Mengen Eiweiß verglichen werden. Ein ausgewachsener Hund benötigt unter Normalbedingungen am Tag etwa 5 g verdauliches Rohprotein pro kg Stoffwechselgewicht (= Körpergewicht^{0,75}). Bei einem 30 kg schweren Hund ergibt das 5 g × 30^{0,75} = 64,1 g. Wichtig ist hierbei das Wort „verdaulich", denn Eiweiß ist nicht gleich Eiweiß. Die Formel berücksichtigt zu 100 % verdauliches Eiweiß. Führt man nicht ausschließlich solches Eiweiß zu, muss der Wert also höher sein, sprich, der Hund muss mehr Eiweiß aufnehmen als die Berechnung ergibt. Weitere Informationen dazu befinden sich ab S. 38.

Wie viel Eiweiß nimmt der Hund mit BARF auf? Das folgende Beispiel zeigt den Proteingehalt einer durchschnittlichen BARF-Ration im Vergleich zu einer typischen Fertigfutterration:

Beispiel: 30 kg schwerer Hund, normal aktiv, Rohprotein pro Tag

BARF-Ration	Menge	Enthaltenes Rohprotein
Gemüse/Obst	120 g	1,7 g
Kopffleisch, Rind	240 g	40,8 g
Pansen/Blättermagen	100 g	13,5 g
Innereien (Leber, Niere, Milz, Lunge, Herz)	70 g	18,6 g
Gemischte RFK (Kalbsknochen, Hühnerhälse)	70 g	11,9 g
BARF-Ration insgesamt	**600 g**	**86,5 g**

Vergleich Rohprotein-Gehalt	Menge	Enthaltenes Rohprotein
BARF-Ration insgesamt (Laut Berechnung)	600 g	86,5 g
Royal Canin Maxi Adult (Futtermenge laut Herstellerempfehlung)	360 g	93,6 g

(Quellen: eigene Berechnungen, http://www.royal-canin.de)

Wie die Berechnung zeigt, ist die Zufuhr bei beiden Rationen etwa gleich, BARF liefert sogar etwas weniger Eiweiß als das Trockenfutter. Beide Rationen sind aber augenscheinlich bedarfsdeckend, wenn der errechnete Bedarf von etwa 64 g Eiweiß pro Tag für einen 30 kg schweren Hund zu Grunde gelegt wird. Die Behauptung, BARF würde im Gegensatz zum Fertigfutter zu viel Eiweiß liefern, trifft also überhaupt nicht zu. Ganz im Gegenteil, das Fertigfutter enthält sogar etwas mehr Protein.

Der Grund für den höheren Eiweißgehalt in Trockenfuttern liegt häufig in der weniger idealen Zusammensetzung der verwendeten Futtereiweiße. Dadurch, dass BARF sehr hochwertiges Eiweiß liefert, muss auch weniger davon zugeführt werden.

Warum gehen aber viele Kritiker davon aus, dass BARF so unglaublich viel Eiweiß liefern würde? Zunächst einmal scheint eine völlig verschobene Wahrnehmung des Eiweißgehaltes von Fleisch oder Fleischerzeugnissen zu existieren. In Wirklichkeit liegt der Proteingehalt von frischem Fleisch aber nur zwischen 15 und 24 %. Zusätzlich ist Gegnern der Fütterungsmethode außerdem oftmals nicht bekannt, wie sich BARF zusammensetzt. Mangels dieser Kenntnis wird dann der Fehlschluss gezogen, dass es sich bei BARF um eine reine Fleischfütterung handeln würde. Dem ist natürlich nicht so.

Bei konzeptloser Rohfütterung mag das anders aussehen, nicht aber bei BARF. Erfolgt die Orientierung am Beutetier, so werden neben anderen Komponenten beispielsweise auch automatisch ausreichende Mengen an Fett zugeführt, um eben nicht Unmengen an Fleisch verfüttern zu müssen. Das senkt automatisch den Eiweißgehalt in der Nahrung und außerdem die notwendige Gesamtfuttermenge. Schaut man sich die Analysewerte von Fleisch an, wird klar: Je mehr Fett sich darin befindet, desto weniger Eiweiß ist auch enthalten. Daher wird mit BARF in der Regel nicht mehr Eiweiß zugeführt als mit Fertigfutter, sondern sogar eher weniger.

Ein weiterer Umstand, der zu diesem Mythos geführt haben mag, ist die Tatsache, dass oftmals fälschlicherweise Trocken- und Feuchtmasse miteinander verglichen werden. BARF liegt in Feuchtmasse vor, Trockenfutter hingegen ist – wie der Name schon sagt – getrocknet. Das führt dazu, dass der Eindruck entsteht, man müsste mit Trockenfutter insgesamt viel weniger Futter und damit weniger Eiweiß zuführen. Das ist auch in der Tabelle zu erkennen. Mit BARF erhält der 30 kg schwere Hund am Tag 600 g Futter, vom Trockenfutter muss er nur 360 g zu sich nehmen. Mehr Futter muss doch aber automatisch mehr Eiweiß bedeuten, oder nicht? Nein, denn BARF enthält ca. 75 % Wasser, das genannte Fertigfutter hingegen nur 9,5 %. Würde der BARF-Ration das Wasser gleichermaßen entzogen, blieben lediglich 165 g übrig. Ähnliches trifft übrigens auf Feuchtfutter zu. Dort tritt allerdings das umgekehrte Phänomen auf: Der Proteingehalt der Dosen mag geringer sein als bei BARF, aber dafür muss aufgrund des teilweise hohen Wassergehaltes oftmals die doppelte Menge davon gefüttert werden.

Um den Proteingehalt von verschiedenen Futtersorten zu vergleichen, muss also stets das insgesamt mit der Ration zugeführte Eiweiß ermittelt werden. Ein Vergleich von Prozentangaben oder Futtermengen ist nicht sinnvoll. Wird eine sachgemäße Betrachtung durchgeführt, so gelangt man immer zu dem Schluss, dass BARF nicht zu viel Eiweiß liefert und somit dieses Vorurteil lediglich ein Mythos ist.

BARF ist zu kompliziert

Auch das Vorurteil, dass BARF für einen normalen Tierhalter viel zu komplex und es eigentlich nicht möglich sei, einen Hund gesund zu ernähren, ohne ein veterinärmedizinisches Studium absolviert zu haben, hält sich sehr hartnäckig. Es stimmt, es besteht das Risiko, Fehler zu machen, wenn ein Hundebesitzer die Futterrationen selbst gestaltet. Fehler können aber auch bei der Herstellung oder beim Kauf von Fertigfutter unterlaufen. BARF ist alles andere als kompliziert. BARF funktioniert ohne Nährwerttabellen oder schwierige Berechnungsformeln. Es erfolgt eine Aufteilung der Futterkomponenten am Aufbau eines potenziellen Beutetieres, ergänzt mit etwas Gemüse/Obst sowie einigen sinnvollen Zusätzen und das war´s! Man kann eine Ration z. B. sehr leicht mit einem BARF-Rechner ermitteln und damit sicher sein, in der Gestaltung des Futterplans keine Fehler zu begehen. Wer dann immer noch unsicher ist, kann einfach eine BARF-Futterplanberatung in Anspruch nehmen und die Ration von einem zertifizierten Ernährungsberater prüfen lassen. Sicherlich ist es einfacher, einen Futtersack zu öffnen und den Napf mit einem Messbecher zu befüllen, aber BARF ist mit Sicherheit nicht zu schwierig für Laien, sodass sich jeder Tierhalter die Grundregeln des BARF-Konzeptes aneignen kann.

Die Orientierung am Wolf macht keinen Sinn

Es wird oft angeführt, dass die Orientierung am Wolf völliger Unfug wäre, weil der Hund ja nun einmal kein Wolf sei und völlig anders leben würde. Das ist richtig, aber es ist eindeutig belegt, dass sich das Verdauungssystem von Hunden im Laufe der Domestikation fast gar nicht verändert hat. Abgesehen davon, dass Hunde wohl „in höherem Maße" (was das genau bedeutet, wurde nie definiert) in der Lage sein sollen, Kohlenhydrate zu verwerten, ist der Verdauungskanal der beiden Spezies identisch. Formalitäten spielen in der Natur keine Rolle. Es ist nicht von Bedeutung, ob Wissenschaftler die Hunde heute in die Kategorie der Omnivore, also Allesfresser einordnen wollen, denn die physiologischen Merkmale (z. B. Reißzähne, keine Mahlzähne, keine Verdauungsenzyme im Speichel, großer Magen, kurzer Darm) sprechen eine eindeutige Sprache.

Auch die angeblich fehlende genetische Nähe ist eine Behauptung, die nicht zutrifft. Hunde und Wölfe sind derart nah miteinander verwandt, dass diese Spezies sogar so miteinander verpaart werden können, dass zeugungsfähige Nachkommen entstehen. Das ist beispielsweise bei Pferden und Eseln nicht möglich, denn die entstehenden Hybriden sind fast immer unfruchtbar. Und niemand würde auf die Idee kommen, diese beiden Spezies grundlegend anders zu ernähren. Es gibt natürlich Unterschiede, aber sie sind nicht eklatant wie die Kluft zwischen Beutetier und trockenen Pellets mit 50 % (und mehr) Getreideanteil. Warum also einen Hund so grundlegend anders ernähren als seinen biologischen Vorfahren? Das macht keinen Sinn!

Wölfe sind eindeutig die Vorfahren unserer Hunde und das Verdauungssystem ist sehr ähnlich. Daher kann durchaus das Vorbild Wolf herangezogen werden, auch wenn sich der Lebensstil der beiden Arten unterscheidet und es gewisse genetische Veränderungen gegeben hat. Wölfe im Zoo führen auch ein anderes Leben als jene in Freiheit und dennoch werden diese Tiere nicht mit Trockenfutter ernährt. Kontaktiert man beispielsweise die Wolfsparks in Deutschland, so erfährt man: Sie bekommen ihre natürlichen Beutetiere vorgesetzt. Kein einziger Tierpark verabreicht Trockenfutter.

Als weiteres Argument gegen die Orientierung einer Fütterungsmethode für Hunde an jener von Wölfen wird die Tatsache angeführt, dass diese in Freiheit ohnehin nur 4–5 Jahre alt werden. Das würde eindeutig zeigen, dass deren Ernährung nicht auf eine lange Lebensdauer ausgerichtet und daher ungeeignet für den geliebten Vierbeiner sei, der nach Möglichkeit viele Jahre an der Seite seines Menschen verbringen soll. Bei dieser Begründung wird jedoch verschwiegen, warum Wölfe in Freiheit nicht besonders alt werden. Die meisten Wölfe sterben durch Menschenhand frühzeitig: Sehr viele Tiere werden überfahren, erschossen oder vergiftet. Weitere sterben an Infektionen oder verhungern. In Gefangenschaft werden Wölfe 13–17 Jahre alt (also wesentlich älter als Haushunde dieser Körpergröße: Je größer ein Hund ist, desto geringer ist seine Lebenserwartung). In Zoos und Wildgehegen ernähren sie sich ebenfalls wie ihre wilden Artgenossen, sind aber vor anderen Risiken geschützt und werden medizinisch versorgt, wenn sie krank werden. Nicht die Art der Fütterung bedingt also die geringe Lebenserwartung der Tiere in Freiheit, sondern die übrigen Lebensumstände. Und vor diesen ist der Haushund meist recht gut geschützt, nur wird er trotzdem im Durchschnitt nicht so alt wie ein Wolf, was durchaus nachdenklich stimmen kann.

Hat man dieses Argument entkräftet, wird dann auch noch bemängelt, dass BARF für Hunde nicht bedarfsdeckend sei, die Beutetierfütterung für Wölfe hingegen schon, weil diese schließlich täglich 10 kg fressen würden. Erst durch diese hohen Mengen wäre die Bedarfsdeckung gewährleistet – logisch, denn je mehr Futter, desto mehr Nährstoffe. Hunde hingegen bekämen mit BARF wesentlich weniger Futter: Ein Hund in Wolfsgröße nur etwa 1 kg pro Tag. Da haben wir sie, die Äpfel und die Birnen. Ein Wolf in Freiheit ist nicht mit einem Wohnungshund zu vergleichen. Hier muss wieder der Wolf in Gefangenschaft herangezogen werden, denn der Energieverbrauch im Tierparkgehege entspricht eher dem des Haushundes. Und siehe da: In Tierparks fressen die Wölfe im Schnitt 5-mal pro Woche etwa 1–2 kg Futter pro Tier. Das entspricht ungefähr der Menge, die ein Hund dieser Größe mit BARF bekommen würde, wenn auch er zwei Tage pro Woche fasten müsste. Auch bei diesen Argumenten wird klar, dass sie sich als Mythen entpuppen, wenn man sie hinterfragt.

Rohes Fleisch macht Hunde aggressiv

Bei diesem Vorurteil sind wir nun tatsächlich im Reich der Ammenmärchen angelangt. Angeblich macht rohes Fleisch Hunde aggressiv. Sie würden dann „auf den Geschmack" kommen, häufiger jagen und dementsprechend auch Menschen angreifen. Die Mär von durch Fleischverzehr zur Kampfmaschine mutierenden Hunden ist schon recht alt. Man findet sogar in alten Hundebüchern zum Thema Ernährung Erwähnungen dieser Art, die jedoch auch damals schon als unzutreffend eingestuft wurden. Für diesen Mythos gibt es bis heute keinerlei Belege. Ganz im

Gegenteil: Man hat festgestellt, dass hochwertiges Futterprotein Hunde weniger aggressiv und sogar ausgeglichener macht. Hingegen fördern größere Mengen minderwertiger Proteine (wie sie oft in kommerziellen Fertigfuttern eingesetzt werden) Aggressionen und auch die Neigung zu einer stärker ausgeprägten Territorialverteidigung.

In einer Studie (Köhler, K. (2005)) wurde eine solche Verbesserung der Aggressionsprobleme bei Hunden durch das Umstellen der Fütterung auf eine selbst zubereitete Schonkost auf Lammfleischbasis mit geringem Proteingehalt beobachtet. Ob die Verbesserung aufgrund mangelnder Zusatzstoffe (Farbstoffe, Konservierungsstoffe, Geschmacksverstärker im Trockenfutter) oder der Veränderung der Proteinquelle eingetreten ist, konnte nicht abschließend geklärt werden. Interessant ist jedoch: Die Hunde waren aggressiver, als sie noch kommerziell hergestelltes Futter bekamen.

Wie kommt es dazu? Das hat etwas mit den Aminosäuren (→ Bausteine der Proteine) zu tun. In diesem Zusammenhang ist Tryptophan von Bedeutung. Dabei handelt es sich um eine essenzielle Aminosäure, die vor allem in Fleisch, Milchprodukten und Eiern vorkommt. In minderwertigen Eiweißlieferanten (z. B. Mais) kommt wenig Tryptophan, dafür aber verhältnismäßig mehr von anderen Aminosäuren wie z. B. Leucin vor. Als biosynthetische Vorstufe des Neurotransmitters Serotonin (im Volksmund bekannt als Glückshormon) hat Tryptophan aber u. a. Auswirkungen auf die Stimmung eines Lebewesens. Eine verminderte Serotoninbildung kann möglicherweise zu einer aggressiveren Reaktion auf Reize führen.

Wie aber kann die Rationsgestaltung einen Einfluss darauf haben? Tryptophan konkurriert mit anderen Aminosäuren wie z. B. Valin um das gleiche Transportsystem durch die Blut-Hirn-Schranke, sodass es bei geringen Tryptophangehalten im Futter zu einer mangelnden Bildung von Serotonin kommen kann.

Kohlenhydratreiche Rationen stimulieren die Insulinausschüttung. Das hat zur Folge, dass nicht nur Glukose, sondern auch Aminosäuren vornehmlich in die Muskulatur aufgenommen werden, während das Tryptophan im Blut verbleibt. Die Konkurrenz um das gleiche Transportsystem durch die Blut-Hirn-Schranke nimmt ab und so kann mehr Tryptophan ins Gehirn gelangen.

Bei BARF wird in diesem Zusammenhang häufig kritisiert, dass die Ration nicht genügend Kohlenhydrate enthält und das Tier daher aggressiv oder unkonzentriert sein könnte. Da es in der Natur nur wenige Kohlenhydratlieferanten gibt (Getreide & Zucker sind schließlich eine Erfindung des Menschen), verfügt der Körper selbstverständlich auch über andere Wege, um für einen glücklichen Vierbeiner zu sorgen. In diesem Zusammenhang kommt dem Fettgehalt der Nahrung eine große Bedeutung hinzu: Tryptophan wird zum größten Teil an Albumin gebunden im Blut transportiert. Aber auch freie Fettsäuren nutzen Albumin als Transportsystem. Die Erhöhung freier Fettsäuren im Blut nach der Nahrungsaufnahme führt zur Verdrängung des an Albumin gebundenen Anteils von Tryptophan, was nun freigesetzt, vermehrt ins Gehirn gelangen kann und zur Synthese von Serotonin zur Verfügung steht. Es braucht also nicht zwingend Kohlenhydrate, um eine ausreichende Serotoninbildung zu gewährleisten, die natürlichen Energielieferanten der Hunde, nämlich Fette, tun es auch.

BARF
Die Fütterung

WELCHE NÄHRSTOFFE BRAUCHT DER HUND?

Mit BARF soll der Hund natürlich mit sämtlichen Nährstoffen versorgt werden, die er benötigt. Einige Nährstoffe werden als essenziell bezeichnet, müssen also zwingend über die Nahrung zugeführt werden, andere kann der Köper selbst herstellen. Da bei BARF von einer bedarfswertorientierten Rationsberechnung mit Nährwerttabellen abgesehen wird, erfolgt die Darstellung der einzelnen essenziellen Nährstoffe in einer kurzen Zusammenfassung, ohne auf etwaige Funktionen und Bedarfswerte einzugehen.

Proteine (Eiweiße)

Hunde haben eigentlich keinen Bedarf an Proteinen, sondern benötigen die darin enthaltenen Aminosäuren. Der Organismus benötigt diese Eiweißbausteine unter anderem, um Körpergewebe zu erhalten oder neu zu bilden, nutzt es aber auch als Energiequelle. Proteine können für den Hund von unterschiedlicher Qualität sein. Sie gelten dann als hochwertig, wenn sie eine hohe Verdaulichkeit aufweisen und ihr Aminosäurenprofil, also die Art und Weise, wie die Bausteine des Futtereiweißes zusammengesetzt sind, dem im Körper neu zu bildenden Gewebe am ähnlichsten ist. Die biologische Wertigkeit der Proteine ist also höher, je mehr ihr Aufbau denen des Hundekörpers entspricht. Fehlen eine oder mehrere Aminosäuren, wird die Proteinsynthese eingeschränkt. Erwartungsgemäß hat Fleisch eine optimale Aminosäurenzusammensetzung für den Hund – schließlich besteht auch er aus entsprechendem Gewebe. Daher gelten Proteine aus Fleisch als besonders hochwertig. Auch Innereien, Milchprodukte und Eier weisen eine ideale Struktur auf. Rinderpansen und andere Mägen haben eine weniger gute Zusammensetzung, gefolgt von bindegewebsreichen Schlachtabfällen (Grieben, Euter, Schwarten). Der Aufbau von Eiweiß aus Getreide oder Pflanzen allgemein ist deutlich schlechter als bei tierischen Produkten. Die folgende Übersicht zeigt die unterschiedlichen Zusammensetzungen der Aminosäuren verschiedener Futtermittel für 100 g Trockenmasse:

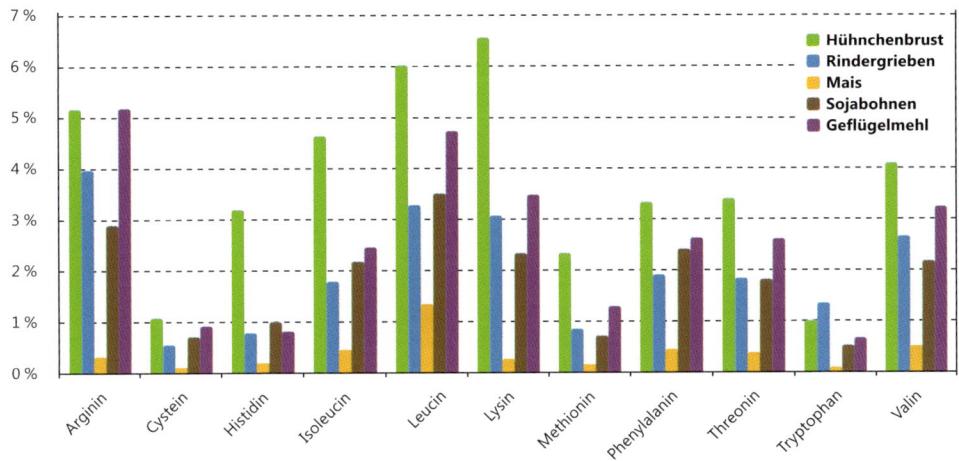

(Quellen: Eigene Berechnung anhand von Daten aus Meyer / Zentek (2013): Ernährung des Hundes, S. 281 ff.)

Der grüne Balken zeigt die optimale Aminosäurenzusammensetzung für den Hund am Beispiel von Hühnerbrustfleisch an. Offensichtlich weicht die Zusammensetzung von Rindergrieben, Mais, Soja und auch von Geflügelmehl sehr stark davon ab. Nicht nur dass z. B. viel mehr Mais oder Rindergrieben gefüttert werden müssten, um die gleichen Mengen an bestimmten Aminosäuren zuzuführen, sondern auch das Verhältnis stimmt nicht überein. So enthält z. B. Geflügelmehl annähernd so viel Arginin wie Hühnerbrust, aber dafür wesentlich weniger Lysin oder Histidin. Das erklärt auch, warum pflanzliche Proteine für Hunde wesentlich minderwertiger sind als Eiweiß aus tierischen Quellen.

Problematisch an minderwertigen Eiweißen ist außerdem, dass sie nicht wie vorgesehen hauptsächlich im Dünndarm, sondern auch im Dickdarm verdaut werden. Im Dünndarm findet die Verdauung enzymatisch statt, im Dickdarm ist sie aber fast ausschließlich mikrobieller Natur, was nicht nur ineffizient ist, sondern aufgrund der erheblichen Ausschüttung von Ammoniak und Aminen zu einer Belastung des Organismus führt.

Pflanzliche Eiweißquellen sollten aus diesen Gründen sehr sparsam eingesetzt werden. Da bei BARF hauptsächlich hochwertige Proteinquellen verwendet werden, ist die Aminosäurenzusammensetzung von BARF-Rationen sehr gut.

SCHON GEWUSST?

Für Hunde essentielle Aminosäuren sind: Histidin, Lysin, Leucin, Isoleucin, Valin, Threonin, Tryptophan, Arginin, Methionin, und Phenylalanin.

EXKURS:
Glänzendes Fell

Man bezeichnet die Haut nicht umsonst als Spiegel der Seele. Ein glänzendes, sauberes Fell signalisiert auch beim Hund Gesundheit und Vitalität. Stumpfes Fell hingegen wirkt nicht nur unschön, es zeigt auch, dass etwas mit dem Hund nicht in Ordnung ist.

Der Glanz von Fell ist ein physikalisches Phänomen: Glanz entsteht, wenn gebündeltes Licht von einer Oberfläche spiegelnd reflektiert wird. Treffen Lichtstrahlen hingegen auf raue Oberflächen, wird das Licht diffus reflektiert, es entsteht der Eindruck von Mattheit. Glanz hängt also einerseits vom Vorhandensein von Lichtstrahlen und vor allem von der Oberflächenbeschaffenheit ab.

Fell glänzt demnach nur dann, wenn die Haare eine glatte Oberfläche aufweisen. Haare bestehen, kurz zusammen gefasst, aus drei Schichten: dem Mark, der Faserschicht und der Schuppenschicht.

Aufbau der Fellhaare

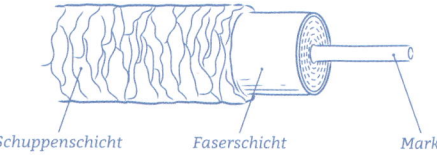

Schuppenschicht   Faserschicht   Mark

Alle Schichten werden aus Aminosäuren gebildet. Die Schuppenschicht ist für den Glanz der Haare verantwortlich und besteht aus flachen, übereinandergreifenden, verhornten, abgestorbenen Zellen. Je glatter die Schuppen anliegen, desto glatter ist die Oberfläche, an der das Licht reflektiert wird und desto mehr Glanz kann beim Auftreffen von Licht entstehen. Ist die Oberfläche aufgeraut, kann kein Glanz entstehen. Daher ist mangelnder Glanz auch ein Zeichen dafür, dass die Haarstruktur nicht optimal gebildet werden konnte. Ausnahme bilden hier Hunderassen, die von Natur aus raues, lockiges oder filziges Fell (z. B. Komondor, Puli) haben. Dieses kann auch bei bester Haarbeschaffenheit aufgrund der rauen Oberfläche nie so intensiv glänzen wie bei einem Hund mit glattem Fell.

Durch äußere Einflüsse wie UV-Strahlung, aber auch durch Fehlernährung oder Krankheiten kann die Haarstruktur negativ beeinflusst werden. Ursachen gibt es viele: Stumpfes Fell entsteht z. B. durch den Mangel an wichtigen Aminosäuren bzw. essentiellen Fettsäuren, etwa durch die einseitige Fütterung schwer verdaulicher Eiweißlieferanten (bindegewebsreiche Schlachtabfälle, pflanzliche Eiweiße) bzw. durch die alleinige Gabe ungünstiger Fettsäuren als Fettlieferanten. Auch ein Mangel an bestimmten Nährstoffen (Zink, Jod, Biotin, B-Vitamine, Vitamine A / E) kann Haut- und somit Fellprobleme verursachen. Neben Nährstoffmängeln können auch Fehlgärungen im Darmkanal, bedingt durch eine Überversorgung mit schwer verdaulichen Futtermitteln wie etwa Kartoffelstärke, Disacchariden oder bindegewebsreichen Schlachtabfällen, Hautprobleme auslösen. Außerdem führen eine Reihe von Hauterkrankungen, Allergien oder Stoffwechselerkrankungen zu veränderten Haarstrukturen.

Damit das Fell des Hundes glänzt, sind also hochwertige Proteine, ein optimales Fettsäurenprofil und bestimmte Nährstoffe notwendig. All diese Faktoren werden bei BARF berücksichtigt, weshalb gebarfte Hunde meist so schön glänzen.

Fette

Fette liefern dem Hund hauptsächlich Energie, aber auch essenzielle Fettsäuren. Fett ist die natürliche Energiequelle für Fleischfresser, denn Energielieferanten in Form von Kohlenhydraten kommen im Beutetier kaum vor. Hunde vertragen – sofern sie gesund sind – mit 10 g pro kg Körpergewicht recht große Mengen an Fett, ohne dass die Gefahr einer Bauchspeicheldrüsenentzündung besteht. Fettsäuren werden unterteilt in gesättigte und ungesättigte Fettsäuren. Einige der ungesättigten Fettsäuren, vielmehr Omega-3 und Omega-6-Fettsäuren, sind für Hunde essenziell, müssen also mit der Nahrung aufgenommen werden. Sie kommen entweder in tierischen oder pflanzlichen Fetten vor und werden bei BARF über die Fleisch- und Fettfütterung sowie die etwaige Ergänzung mit entsprechenden Ölen zugeführt.

Kohlenhydrate

Kohlenhydrate sind ebenfalls Energielieferanten, für Hunde jedoch nicht essenziell. Das bedeutet, dass Hunde keine Kohlenhydrate benötigen. Sie haben zwar einen Bedarf an Glucose, können diese jedoch selbst aus bestimmten Aminosäuren herstellen, wenn sie genügend davon mit der Nahrung aufnehmen. Wie bereits erwähnt, ist mit BARF eine optimale Aminosäurenversorgung sichergestellt, sodass ein gebarfter Hund tatsächlich keine Kohlenhydrate benötigt. Dennoch können Hunde Kohlenhydrate als Energieträger verwerten. Eine Studie (Axelsson, E. et al. (2013)) hat ergeben, dass einige Hunde in höherem Maße dazu in der Lage sind als ihre Vorfahren, die Wölfe. Es wurde jedoch nicht ermittelt, wie genau „in höherem Maße" definiert ist und wie sich das im Futterplan niederschlagen sollte. Da Kohlenhydratträger, also z. B. Getreide, in großen Mengen aber ohnehin Nachteile mit sich bringen (z. B. Erhöhung des Risikos für Magendrehungen, Zahnsteinbildung, Verschiebung des Nährstoffbedarfs), sollten sie auch beim Hund nur begrenzt eingesetzt werden. Bei BARF finden sich nur geringe Mengen an Kohlenhydraten in der Nahrung. Diese stammen hauptsächlich entweder aus Getreide und Pseudo-Getreide oder kohlenhydrathaltigem Gemüse oder Obst.

Wasser

Der Körper eines Hundes besteht zum Großteil aus Wasser. Es bildet die Grundlage für zahlreiche Körperfunktionen und Stoffwechselaktivitäten. Ohne Wasser stirbt ein Hund innerhalb weniger Tage. Wild lebende Raubtiere nehmen Wasser entweder direkt oder über die Körperflüssigkeit ihrer Beute auf. Da bei BARF Zutaten mit natürlichem Wassergehalt eingesetzt werden und der Hund zusätzlich noch Trinkwasser erhält, ist die Versorgung mit Wasser optimal gestaltet.

EXKURS:
Zahngesundheit

Zahnstein

Auch Hunde leiden an Zahnstein und dies hat meist übel riechende und schmerzhafte Folgen. Außerdem bedeutet es natürlich, dass Zähne früher oder später gänzlich verloren gehen können.

Als Ursachen kommen genetische Faktoren wie der pH-Wert im Maul, die Speichelzusammensetzung oder die Kopfgröße und -form des Hundes, aber vor allem auch eine kohlenhydratreiche Ernährung in Frage.

Zahnstein bildet sich aus bakteriellen Belägen, die durch Einlagerung von Mineralstoffen (Phosphor, Calcium, Magnesium) verhärten. Die bakteriellen Beläge entstehen vor allem durch die Aufnahme kohlenhydratreicher Nahrung, da die darin enthaltenen Zuckerverbindungen als Haftvermittler für die Bakterien fungieren und ein ideales Klima für deren Vermehrung schaffen. Folgen von Zahnstein können neben einem entsprechenden Maulgeruch chronische Entzündungen mit Rückbildung des Zahnfleisches sein. Bakterien können sich dadurch entlang des Zahnes zur Wurzel hin ausbreiten und zu einer Lockerung des Zahnhalteapparates bis hin zur Knochenauflösung führen – die Zähne fallen letztendlich aus.

Natürlicherweise sind Hunde wegen der sehr kohlenhydratarmen Ernährung und ihrer kegelförmigen Zähne, die eine selbstreinigende Wirkung haben, nicht oft von Zahnerkrankungen betroffen. Die Gabe von getreide- oder gar rohrzuckerhaltiger Nahrung, wie etwa kommerzielle Fertigfutter und züchterische Bemühungen (immer kleinere Kopfformen), begünstigen jedoch die Entstehung von Zahnstein beim Hund.

Vorbeugung

Um Zahnprobleme zu vermeiden, ist es wichtig, eine kohlenhydratarme Ernährung anzustreben. Außerdem sollte der Hund regelmäßig geeignetes Kaumaterial bekommen, sodass durch die mechanische Einwirkung die Zähne gereinigt werden. Hierzu eignen sich natürlich rohe Knochen wie etwa Rinderbrustbein oder Kalbsrippen, aber auch getrocknete Rinderhaut hervorragend. Zahnreinigungskauknochen auf Getreide- oder Stärkebasis können diesen Zweck nicht ideal erfüllen, da sie Inhaltsstoffe enthalten, die bakterielle Beläge leider gerade begünstigen.

Bei einigen Hunden hilft aber alles nichts: Egal was man füttert, es bildet sich Zahnstein. In diesem Fall bleibt dem Halter nichts anderes übrig, als die Zähne regelmäßig zu putzen.

Halter berichten in diesem Zusammenhang übrigens immer wieder, dass die bei BARF häufig eingesetzte Braunalge Ascophyllum Nodosum (S. 75) die Anhaftung von Zahnbelägen etwas eindämmt oder bestehenden Zahnstein aufweicht, sodass er mit einem Zahnreiniger entfernt werden kann.

Vitamine

Vitamine sind Nährstoffe, die essenziell sind, also über die Nahrung aufgenommen und vom Organismus nicht selbst hergestellt werden können. Fehlen Vitamine dauerhaft in der Nahrung, kommt es zu Mangelerscheinungen. Es gibt wasserlösliche und fettlösliche Vitamine. Letztere können in der Regel im Körper gespeichert, aber auch überdosiert werden, während erstere meist nicht gespeichert, sondern bei einem Überschuss ausgeschieden werden.

Für Hunde sind die fettlöslichen Vitamine A, D, E und K essenziell. Diese Vitamine werden bei BARF hauptsächlich über die Fütterung von Innereien, aber auch über die anderen Futterkomponenten wie z. B. Öle geliefert.

Die wasserlöslichen Vitamine B1 (Thiamin), B2 (Riboflavin), B3 (Nikotinsäure, Niacin), B5 (Pantothensäure), B6 (Pyridoxin), B9 (Folsäure) und B12 (Cobalamin) sind für Hunde auch lebens- und zufuhrnotwendig. Diese Vitamine finden sich ebenfalls vor allem in Innereien wie Leber, Niere und Milz, aber auch im Muskelfleisch oder in bestimmten Zusätzen wie beispielsweise Bierhefe.

Vitamin C (Ascorbinsäure) ist für Hunde eigentlich kein Vitamin, weil es nicht zufuhrnotwendig ist. Hunde können es in der Regel selbst synthetisieren, jedoch steigt der Bedarf in gewissen Lebensumständen (z. B. Stress, Erkrankungen, starke körperliche Anstrengung) an, sodass es notwendig sein kann, auch dieses Vitamin über die Nahrung aufzunehmen. Bei BARF wird die Versorgung über den Obst- und Gemüseanteil bzw. die Fütterung von Leber sichergestellt, kann aber bei Bedarf durch die Gabe von Hagebuttenpulver noch gesteigert werden.

BARF liefert sämtliche für Hunde essenzielle Vitamine in bedarfsdeckender Menge. Der Vorteil ist, dass die Vitamine in ihrer natürlichen Form vorliegen und daher vom Hund optimal verwertet werden können.

Mineralstoffe

Mineralstoffe sind für den Hund lebensnotwendige Nährstoffe, die dementsprechend essenziell sind. Man unterteilt Mineralstoffe in sogenannte Mengenelemente und Spurenelemente. Die Unterscheidung hat keinerlei Bedeutung hinsichtlich der Wichtigkeit dieser Nährstoffe, sondern weist lediglich auf ihren Gehalt im Körper hin.

Für Hunde essenzielle Mengenelemente sind Calcium, Phosphor, Magnesium, Natrium, Chlorid und Kalium. An Spurenelementen benötigt ein Hund zwingend Eisen, Kupfer, Zink, Mangan, Kobalt, Jod, Selen, Fluor und Molybdän.

BARF liefert auch diese Nährstoffe in bedarfsdeckender Höhe. Sie finden sich vor allem in Knochen, Innereien wie Leber, Niere und Milz sowie auch im Muskelfleisch. Ein kleiner Teil befindet sich auch im Obst und Gemüse, dieser trägt jedoch nur in geringem Umfang zur Versorgung des Hundes mit Mineralstoffen bei. Der Vorteil an BARF ist auch hier das Vorliegen der Nährstoffe in einer für den Organismus optimal verwertbaren Form.

EXKURS:
Calcium

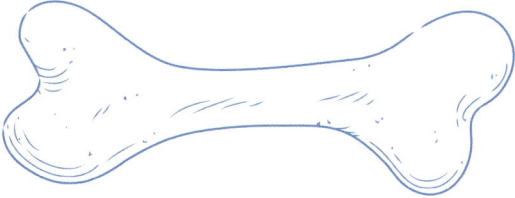

Calciumzufuhr in der Natur

Besonderes Augenmerk liegt bei der Fütterung von Hunden immer auf der bedarfsgerechten Versorgung mit Calcium. Bei diesem Thema herrscht oft große Verunsicherung, sogar regelrechte Panik, weshalb an dieser Stelle etwas näher darauf eingegangen werden soll.

Wie bekannt ist, decken wild lebende Fleischfresser ihren Nährstoffbedarf allein über die Aufnahme von Beutetieren. Dieses „Futter" liefert genug Calcium, um selbst den Bedarf großer Tiere wie etwa von Wölfen (die eine Schulterhöhe von bis zu 80 cm erreichen können) in jeder Lebensphase zu decken. Demnach muss es auch möglich sein, einen Hund allein über die im Beutetier vorkommenden Calciumquellen – das sind hauptsächlich Knochen – bedarfsgerecht versorgen zu können. Daher bietet das Beutetier auch hier die Vorlage für eine korrekte Versorgung des Haushundes mit Calcium.

Ein kleines Beutetier wie etwa ein Huhn oder ein Kaninchen besteht zu etwa 7,5 % aus reinen Knochen, größere Beutetiere wie Schafe oder Rinder zu 10 % (diese Angaben beziehen sich auf das Lebendgewicht und nicht das Schlachtgewicht). Ein Hund könnte ein Huhn oder Kaninchen komplett fressen, bei größeren Beutetieren würden ganz besonders harte und große Knochen wie die Wirbelsäule oder das Becken liegen bleiben. Das handhaben Wölfe übrigens – außer in Zeiten absoluter Not – genau so. Unter dieser Voraussetzung nimmt ein Hund im Schnitt 7,5 % Knochenmasse mit seiner Beute auf. Da rohe, fleischige Knochen (RFK) bei BARF als Knochenvariante definiert sind, die zu 50 % aus reinen Knochen und 50 % Fleisch bestehen, befinden sich also in den 15 % RFK, aus denen der Fleischanteil einer BARF-Ration besteht, ca. 7,5 % blanke Knochen. Die üblicherweise bei BARF verwendeten RFK liefern im Schnitt ca. 2 g Calcium auf 100 g.

Bedarfsdeckung bei BARF

Ein Hund, der 40 kg wiegt, würde mit seiner BARF-Ration etwa 100 g RFK am Tag bekommen, folglich im Durchschnitt allein aus den Knochen 2 g Calcium aufnehmen. Circa 350 mg würden Fleisch, Innereien, Gemüse etc. aus dem Rest der Ration extra beisteuern. Damit nimmt der 40 kg schwere Hund am Tag mit BARF 2,35 g Calcium auf. Der wissenschaftliche Bedarfswert für einen Hund dieser Größe beträgt ca. 2,07 g am Tag und enthält bereits gewisse Sicherheitsaufschläge. Mit BARF wird also der offizielle Calcium-Bedarfswert erreicht, sodass der Hund angemessen versorgt ist. Warum dieser Wert für gebarfte Hunde sogar zu hoch ist und gar nicht erreicht werden müsste, ist im Exkurs ab S. 24 erläutert.

Wie dieses Rechenbeispiel zeigt, muss man sich um die Calciumversorgung des Hundes mit BARF keine Sorgen machen. Wird das Beutetierprinzip eingehalten, wird der Hund optimal mit Calcium versorgt.

WELCHE FUTTERKOMPONENTEN KOMMEN ZUM EINSATZ?

Muskelfleisch

Den größten fressbaren Anteil der Beute stellt das Muskelfleisch dar. Daher ist der im BARF-Plan enthaltene Anteil an Muskelfleisch mit 50 % der tierischen Zutaten recht hoch. Diese Komponenten liefern vor allem hochwertiges Protein, also Aminosäuren in optimaler Zusammensetzung und natürlich eine ganze Reihe wertvoller Nährstoffe (z. B. Phosphor, Magnesium, Eisen, Kalium, Zink, Mangan, Jod und verschiedene Vitamine) sowie essenzielle Fettsäuren und Energie in Form von Fett. Außerdem besteht Muskelfleisch zu ca. 50–75 % aus Wasser, sodass es auch zum Wasserhaushalt des Hundes beiträgt.

ACHTUNG! Ein angemessener Fettanteil im Muskelfleisch ist wichtig! Denn eine zu energiearme Fütterung ist für Hunde gesundheitsschädlich. Zwar können sie auch Proteine zur Energieversorgung heranziehen, aber dabei kommt es zu einer vermehrten Ausschüttung von Ammoniak und Aminen, die den Organismus belasten. Dabei werden Leber und Nieren geschädigt, was sich oft in veränderten Blutwerten niederschlägt. Aus diesem Grund ist es wichtig, ausreichend Fett (oder Kohlenhydrate) als Energielieferanten zuzuführen. Man sollte nicht dauerhaft zu mageres Fleisch füttern, sondern beim gesunden Hund immer auf einen Fettanteil von 15–25 % im Fleisch achten.

Verringert man den Anteil dieser Komponente zu stark oder ersetzt sie durch minderwertige, bindegewebsreiche Schlachtabfälle, so fehlen dem Hund essentielle Aminosäuren bzw. bestimmte Mineralstoffe und Vitamine. Außerdem sinkt der Energiegehalt der Ration möglicherweise ab, denn durchwachsenes Muskelfleisch liefert den für den Beutefresser in der Natur einzig zugänglichen Energieträger, nämlich Fett. Beim Muskelfleisch kommt es auf Abwechslung an. Es ist nicht nötig, von Antilope bis Wachtel jede Art von Fleisch zu füttern, aber Fleisch von 2–3 Tierarten ist vorteilhaft.

Es ist außerdem sinnvoll, Fleisch am Stück zu kaufen und nur in begründeten Fällen gewolftes Muskelfleisch zu füttern. Stückiges Fleisch weist aufgrund der geringeren bakteriellen Belastung eine längere Haltbarkeit auf. Ferner hat es eine höhere Verdaulichkeit, weil es länger im Magen bleibt als stark zerkleinertes Fleisch. Es wird auch besser mit Magensäure durchtränkt, das senkt das Risiko einer Magendrehung. Des Weiteren ist bei gewolftem Fleisch oft nicht ersichtlich, ob es sich um hochwertiges Muskelfleisch oder lediglich um bindegewebsreiche Schlachtabfälle handelt.

Beispiele für Muskelfleisch
Muskelfleisch kann zum Beispiel von Rind, Huhn, Pute / Truthahn, Ente, Gans, Ziege, Lamm, Schaf / Hammel, Pferd, Kalb, Kaninchen, Hirsch, Reh, Rentier, Elch, Fasan, Wildhase sowie Exoten (Antilope, Strauß, Kamel, Känguru, Springbock, Lama, Büffel) und weiteren stammen.

Spezielle Bezeichnungen für Muskelfleisch können auch sein: Stichfleisch, Kopffleisch, Kronfleisch, Saumfleisch, Maulfleisch, Peesenfleisch und Schlundfleisch. Dazu gehören außerdem Zunge, Mägen von Geflügel, Lefzen und Zwerchfell.

Nicht zum Muskelfleisch zählen:
- bindegewebsreiche Schlachtabfälle (Hoden, Euter, Schwarten, Ohren, Darm, Grieben, Ochsenziemer, Haut),
- Innereien wie Leber, Niere, Milz, Lunge,
- Knorpel wie z. B. Luftröhre, Kehlkopf,
- Pansen / Blättermagen.

ACHTUNG! Schweinefleisch (vor allem Wildschweinfleisch) darf nicht roh verfüttert werden! Es kann das Aujeszky-Virus enthalten, das eine für Hunde tödliche Krankheit hervorruft. Zwar gelten die Haus- und Mastschweinbestände einiger Länder, darunter auch Deutschland, als Aujeszky-frei, jedoch sind Wildschweine in diesen Ländern immer noch betroffen. Das Virus wird inaktiviert, wenn das Schweinefleisch lange genug gekocht wird (Kerntemperatur: 100 °C ca.1 min, 80 °C ca. 3 min). Dann kann es auch verfüttert werden.

Fett

Im Normalfall liefert das Fleisch im Beutetier ausreichend Fett, um die notwendigen Fettsäuren zuzuführen und die Energieversorgung des Hundes sicherzustellen. Da jedoch viele in BARF-Shops oder Supermärkten erhältliche Fleischsorten teilweise sehr mager sind und somit der angestrebte Fettanteil von 15–25 % nicht erreicht wird, muss die Ration ggf. um zusätzliches Fett ergänzt werden. Diese Fettmenge ist dann vom mageren Muskelfleisch abzuziehen. Vor allem, wenn der Hund allergiebedingt nur Geflügel-, Kaninchen- oder Pferdefleisch fressen darf, muss man darauf achten, dass ihm genug Energie zugeführt wird, denn diese Fleischsorten sind ganz besonders fettarm.

Fettanteil im Fleisch abschätzen
Wenn keine Angabe zum Fettgehalt im Muskelfleisch vorliegt, bleibt nichts anderes übrig, als diesen zu schätzen. Dabei ist entweder eine Orientierung an der Optik des Fleischs oder an bestimmten Arten von Fleischsorten möglich.

Weist Fleisch keinerlei Marmorierung auf, so kann von einem Fettgehalt von unter 5 % ausgegangen werden. Sobald das Fleisch gut sichtbar mit Fett durchzogen ist, beträgt der Anteil mindestens 15 %. Die folgenden Bilder verdeutlichen den Unterschied: auf der linken Seite ist zu mageres, auf der rechten Seite durchwachsenes Fleisch zu sehen.

Wer gar keine Vorstellung zu den Fettgehalten hat, kann im Supermarkt etwas Übung erlangen, indem er das etikettierte Fleisch betrachtet und dort auf den Fettgehalt und das Aussehen des Fleisches achtet.

Die folgende Übersicht zeigt bei BARF typischerweise zum Einsatz kommende Fleischarten und deren Fettgehalt. Diese Werte bieten eine grobe Orientierung, auch wenn der Fettgehalt des Fleisches nicht ausdrücklich deklariert wurde.

Fettgehalte typischer Fleisch- und Fischsorten

Fleisch- bzw. Fischsorte	Fettgehalt
Kabeljau (Dorsch) *	0,3 %
Hühner-, Putenbrust *	1,0 %
Hähnchenmägen	2,0 %
Regenbogenforelle	2,7 %
Lammkeule *	3,7 %
Rind, fettarm * / Rindergulasch	4,0 %
Pferd, fettarm *	4,5 %
Kaninchen *	7,6 %
Lachs	9,8 %
Hähnchenschenkel	14,0 %
Sprotten	16,6 %
Hackfleisch (Rind)	18,0 %
Lammkotelett	18,3 %
Kopffleisch, Rind *	25,0 %

*(Quellen: http://fddb.info, mit * gekennzeichnete Daten: Meyer / Zentek (2013): Ernährung des Hundes, S. 270 ff.)*

Zielfettanteil festlegen

Da die Angabe des idealen Fettanteils im Fleisch eine Spannweite ist, stellt sich die Frage, welcher Wert für einen Hund der richtige ist. Als Ausgangsbasis dienen für gesunde Hunde immer mindestens 15 % Fettanteil im Fleisch. Dieser Wert sollte nur in bestimmten Krankheitsfällen wie z. B. bei einer chronischen Lebererkrankung oder nur vorrübergehend unterschritten werden. Auch übergewichtige Hunde sollten nicht zu mager ernährt werden; in diesem Fall ist eine Reduktion der Gesamtfuttermenge vorzunehmen. Ausgehend von den 15 % kann der Fettgehalt bis auf 25 % gesteigert werden, wenn der Hund beispielsweise besonders aktiv ist, oder bei der bei BARF üblichen Futtermenge (S. 81) abnimmt. Erst wenn der Fettgehalt im Fleisch bereits 25 % beträgt, müsste eine Erhöhung der Gesamtfuttermenge vorgenommen werden. Wie hoch der Fettanteil letztendlich sein sollte, richtet sich demnach individuell nach dem Energieverbrauch des Hundes und muss ausgetestet werden. Auch ein Fettanteil von über 25 % ist möglich, z. B. während der Trächtigkeit oder bei sehr aktiven Hunden.

SCHON GEWUSST?

Es ist oft nicht einfach abzuschätzen, wie viel Fett bei magerem Fleisch hinzugefügt werden muss. Die folgende Formel bietet dafür eine Lösung – vorausgesetzt der Fleischlieferant macht Angaben zum Fettgehalt des Fleisches. Da es mangels Unkenntnis über den tatsächlichen Fettanteil im Ausgangsfleisch nicht möglich ist, eine exakte Menge an zu ergänzendem Fett zu ermitteln, dient das Ergebnis der Berechnung eher als Orientierung und muss nicht grammgenau eingehalten werden.

$$\text{Zusatzfett} = \frac{\text{Fleischmenge} \times (\text{Zielfettwert in \%} - \text{Ausgangsfettwert in \%})}{100\ \% - \text{Ausgangsfettwert in \%}}$$

Beispiel:
Ein 30 kg schwerer Hund soll laut Futterplan täglich 240 g durchwachsenes Muskelfleisch bekommen. Gewünscht sind 20 % Fett im Fleisch. Im BARF-Shop ist nur Fleisch mit 5 % Fett erhältlich.

$$\text{Zusatzfett} = \frac{240\ g \times (20\ \% - 5\ \%)}{100\ \% - 5\ \%} = 37{,}9\ g \approx 40\ g$$

Das Zusatzfett wird vom ursprünglichen Muskelfleischanteil abgezogen: Der Hund bekommt also 200 g des mageren Muskelfleisches und zusätzlich 40 g pures Fett.

Beispiele für Fett

Zum Fett zählen z. B. Rinderfett, Lammfett, Ziegenfett, Hühnerfett, Pferdefett, aber auch Kokosöl, Gänse- und Schweineschmalz (letzterer ist erhitzt, also unbedenklich) oder Butter und Butterschmalz. Frisches, rohes Fett ist verarbeitetem Fett vorzuziehen, weil einige der enthaltenen Fettsäuren unter Hitzeeinwirkung oxidieren. Bindegewebsreiche Schlachtabfälle wie Euter oder Haut weisen keinen ausreichenden Fettanteil auf und eignen sich daher nicht als Fettquelle.

ACHTUNG! Der Fettanteil in der Ration sollte nicht zu schnell gesteigert werden. Vor allem Hunde, die jahrelang an kohlenhydratreiches Futter gewöhnt waren, benötigen etwas Zeit, um sich an einen hohen Fettanteil zu gewöhnen. Erhöht man die Fettmenge zu schnell, kann es zu einer Bauchspeicheldrüsenentzündung kommen! Es ist daher sinnvoll, den Fettanteil schrittweise anzupassen. Hunde mit Lebererkrankungen oder chronischer Bauchspeicheldrüsenentzündung vertragen Fett meist nur sehr schlecht, weswegen sie eher Kohlenhydrate als Energiequelle zu sich nehmen sollten.

Jede Sorte Fett hat aufgrund der unterschiedlichen Fettsäurenzusammensetzungen andere Eigenschaften, weshalb auch bei dieser Futterkomponente auf Abwechslung geachtet werden sollte. Geflügelfett weist z. B. eine sehr gute Verdaulichkeit auf, ist aber oft mit Antibiotika belastet. Schweineschmalz ist sehr gut verdaulich, aber nicht unverarbeitet, sondern gekocht und enthält außerdem recht viel Arachidonsäure, die als entzündungsfördernd gilt. Rinder-, Ziegen- und auch Lammfett weisen große Anteile an Stearinsäure und damit eine geringere Verdaulichkeit auf. Butterfett wirkt in größeren Mengen abführend und kann einen Brechreiz erregen. Mit einer Mischung der Fettsorten kann man einen guten Ausgleich zwischen den Vor- und Nachteilen schaffen. Unter den Pflanzenfetten kann auch natives Kokosöl eingesetzt werden, denn es besitzt ganz besondere Eigenschaften. Weitere Informationen dazu sind im folgenden Exkurs zu finden.

Öle gehören zwar auch zu den Fetten, sind aber im Sinne dieser Kategorie nicht den Energielieferanten zuzuordnen, da sie primär eine andere Funktion erfüllen (siehe S. 72 f.).

EXKURS:
Kokosöl – ein ganz besonderes Fett

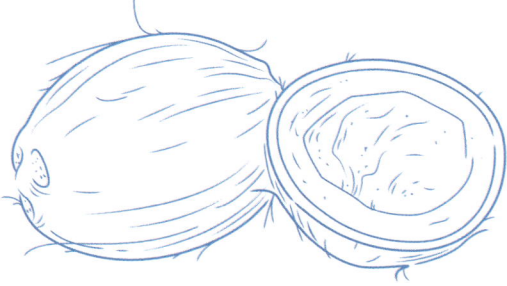

Was ist so speziell an Kokosöl?

Natives Kokosöl weist gegenüber den meisten anderen Fetten – vor allem natürlichen Pflanzenfetten – ganz spezielle Eigenschaften auf. Einerseits besteht es, ebenso wie viele tierische Fette, zum Großteil aus gesättigten Fettsäuren, die im Gegensatz zu den ungesättigten Fettsäuren nicht zu einer Oxidation neigen und daher nicht mit Antioxidantien stabilisiert werden müssen. Aufgrund dieser Fettsäurenzusammensetzung ist Kokosöl bei Raumtemperatur auch fest und verflüssigt sich erst ab etwa 24 °C. Darüber hinaus besitzt es eine ganze Reihe weiterer positiver Eigenschaften.

Warum Kokosöl einsetzen?

Kokosöl setzt sich zu über 50 % aus mittelkettigen Fettsäuren zusammen. Diese werden ohne vorherige Spaltung von Enzymen, so genannten Lipasen, über die Leber direkt in die Blutbahn aufgenommen. Dadurch sind sie besonders leicht verdaulich und manch ein Hund, der andere Fette in der Nahrung nicht verträgt, hat mit Kokosöl weniger Probleme.

Kokosöl beinhaltet außerdem Biphenyle, die anthelminthisch wirken, also Würmer abtöten können. Es wurde in einer Studie (Straßen, B. (2007)) experimentell belegt, dass ein Spulwurmbefall einer Katze mit Kokosextrakt erfolgreich behandelt werden konnte; innerhalb von fünf Tagen waren keine Würmer mehr nachweisbar: sicher und nebenwirkungsfrei. Kokosöl wird auch beim Menschen traditionell gegen Wurmbefall eingesetzt. Bei Hunden genügt eine tägliche Gabe von ½ TL bis 1 EL nativem Kokosöl über den Zeitraum einer Woche. Da keinerlei Nebenwirkungen zu erwarten sind, kann diese Art der Wurmkur auch ohne vorliegenden Befund regelmäßig durchgeführt werden.

Kokosöl wirkt außerdem antimykotisch (→ gegen Pilze), antibakteriell und antiviral. Die zu etwa 50 % in Kokosöl vorkommende Laurinsäure sowie die zu 10 % enthaltene Carpinsäure werden im Körper in Monolaurin bzw. Monocaprin umgewandelt und helfen beim Schutz vor viralen und bakteriellen Infektionen sowie Pilzbefall.

Auch für die äußerliche Anwendung eignet sich Kokosöl hervorragend, denn die bereits erwähnten Fettsäuren wirken als Repellent gegen Insekten wie etwa Zecken und Flöhe, weshalb das Fell des Hundes zum Schutz vor derartigen Plagegeistern durchaus mit Kokosöl eingerieben werden kann.

Die positiven Eigenschaften von Kokosöl sollten nicht dazu verleiten, ausschließlich Kokosfett als Energiequelle einzusetzen. Für Hunde sollten in erster Linie tierische Fette die Grundlage zur Energieversorgung darstellen.

Fisch

Als optionale Variante der Muskelfleischfütterung kann auch Fisch dienen. Hierbei kann sowohl auf Süß- als auch auf Salzwasserfische zurückgegriffen werden. Diese liefern neben hochwertigem Eiweiß auch mehr Vitamin A und D sowie einen höheren Gehalt an Omega-3-Fettsäuren als Muskelfleisch, jedoch häufig weniger Zink und Eisen. Das sollte bei einseitiger Fütterung beachtet werden. Vor dem Hintergrund der Belastung von Gewässern mit Schwermetallen wie etwa Quecksilber oder anderen Schadstoffen sowie der Überfischung der Weltmeere sollte außerdem auf die Herkunft des Fisches geachtet werden.

Beispiele für thiaminasefreien Fisch
Für die Hundefütterung sind unter anderem geeignet: Sprotten, Dorsch, Heilbutt, Lachs, Makrele, Dorade, Rotbarsch, Scholle, Seehecht, Bachforelle, Seeforelle, Regenbogenforelle und Flussbarsch.

ACHTUNG! Einige Fischsorten enthalten ein Enzym namens Thiaminase. Es vernichtet Vitamin B1 und kommt z. B. in Karpfen, Hering, Kabeljau, Flunder, Seelachs, Wels, Wittling, Zander oder Thunfisch vor. Hauptsächlich befindet es sich in den Innereien der Fische, aber auch das Filet weist geringe Mengen davon auf. Bei einseitiger Fütterung solcher Fische kann ein Vitamin-B Mangel entstehen. Thiaminase wird allerdings durch Erhitzen zerstört.

Pansen / Blättermagen

Bei Pansen und Blättermagen handelt es sich jeweils um einen der Vormägen von Wiederkäuern, also z. B. Rindern, Schafen oder Ziegen. Diese Mägen weisen eine mittlere Eiweißqualität auf, haben aber ein ausgeglichenes Calcium / Phosphor-Verhältnis und liefern, wenn sie denn „grün" verfüttert werden, zusätzlich vorverdaute Futterreste. Außerdem handelt es sich um relativ preiswerte Futtermittel, die bei Hunden zudem noch sehr beliebt sind.

Der Anteil an Pansen / Blättermagen sollte 20 % des tierischen Anteils nicht übersteigen, weil die Eiweißqualität der Mägen nicht ideal und die Nährstoffdichte nicht hoch genug ist. Grüner Pansen / Blättermagen ist nichts für empfindliche Menschen: Während Hunde den Geruch lieben, rümpfen Zweibeiner für gewöhnlich angewidert die Nase. Die geruchsarme Variante in Form von gewaschenem, weißem Pansen ist bezüglich des Nährstoffgehalts sehr ähnlich, liefert jedoch keinen Anteil an vorverdauten Pflanzenresten.

Bei Allergikern muss man mit dieser Futterkomponente aufpassen, denn die Schlachttiere werden oft mit getreidehaltigem Kraftfutter oder Maissilage gefüttert. Reste davon befinden sich dann selbstverständlich auch im Pansen oder Blättermagen. In dem Fall sollte auf gewaschene Pansen oder Mägen von Weidetieren zurückgegriffen werden, die nicht mit Kraftfutter gefüttert wurden. Es ist nicht zwingend notwendig, diese Komponente zu füttern. Man kann sie auch durch Muskelfleisch ersetzen.

Innereien

Innereien sind wertvolle Nährstofflieferanten. Der fressbare Anteil eines Beutetiers besteht zu etwa 20 % aus Innereien. Bei BARF werden allerdings nur 15 % des tierischen Anteils angesetzt, weil die Komponente „Pansen und Blättermagen" gesondert aufgeführt wird. Innereien sind wahre Vitalstoffbomben und damit die Hauptquelle für alle Vitamine, die der Hund benötigt. Sie liefern obendrein sehr viele Mineralstoffe und Spurenelemente, die in dieser Konzentration in keiner der anderen Futterkomponenten vorkommen. Möglicherweise ist das auch der Grund dafür, warum Wölfe bei größeren Beutetieren die Innereien zuerst fressen. Reduziert man den Anteil an Innereien zu stark oder lässt ihn gar gänzlich entfallen, fehlen diese Nährstoffe. Erhöht man ihn – etwa aus Kostengründen – zu stark, bekommen viele Hunde Durchfall. Aus diesem Grund sollte die Wochenmenge auf mindestens drei Tage verteilt werden.

Zu den klassischerweise bei BARF eingesetzten Innereien zählen Leber, Niere und Milz, aber auch Lunge und Herz. Natürlich können auch Pankreas, Thymusdrüse und andere innere Organe verfüttert werden, diese sind jedoch nicht immer beschaffbar. Die folgende Übersicht zeigt die Nährstoffverteilung der typischen Innereien im Vergleich (die herausragenden Werte sind entsprechend markiert):

Nährstoffgehalte verschiedener Innereien

Nährstoff	Rinderleber 100 g	Rindermilz 100 g	Rinderniere 100 g	Rinderherz 100 g	Rinderlunge 100 g	Rindfleisch 100 g
Mineralstoffe						
Calcium	7,0 mg	**13,0 mg**	**10,0 mg**	5,0 mg	9,0 mg	4,0 mg
Phosphor	**360,0 mg**	**320,0 mg**	220,0 mg	210,0 mg	165,0 mg	194,0 mg
Magnesium	21,0 mg	25,0 mg	29,0 mg	25,0 mg	18,0 mg	21,0 mg
Natrium	80,0 mg	95,0 mg	**210,0 mg**	110,0 mg	145,0 mg	57,0 mg
Kalium	220,0 mg	**450,0 mg**	310,0 mg	290,0 mg	160,0 mg	370,0 mg
Eisen	**22,0 mg**	**44,0 mg**	8,0 mg	5,1 mg	6,2 mg	1,9 mg
Kupfer	**3,0 mg**	0,4 mg	0,4 mg	0,4 mg	0,2 mg	0,1 mg
Zink	4,0 mg	3,9 mg	1,9 mg	2,0 mg	1,6 mg	4,2 mg
Mangan	**0,2 mg**	0,1 mg	0,1 mg	0,1 mg	0,0 mg	0,0 mg
Iod	6,0 µg	**14,0 µg**	2,0 µg	7,0 µg	0,0 µg	3,0 µg
Selen *	21,0 µg	0,0 µg	**112,0 µg**	15,0 µg	0,0 µg	5,0 µg
Vitamine						
Vitamin A	**15.300,0 µg**	90,0 µg	330,0 µg	0,0 µg	50,0 µg	20,1 µg
Vitamin D	**0,9 µg**	0,0 µg	0,0 µg	1,0 µg	0,0 µg	0,0 µg
Vitamin E	0,4 mg	**1,0 mg**	0,2 mg	**1,4 mg**	0,0 mg	0,5 mg
Vitamin K *	**74,5 µg**	0,0 µg	0,0 µg	0,0 µg	0,0 µg	12,5 µg
Vitamin B1	0,2 mg	0,1 mg	0,3 mg	0,5 mg	0,1 mg	0,2 mg
Vitamin B2	**3,2 mg**	0,3 mg	2,1 mg	1,0 mg	0,3 mg	0,3 mg
Vitamin B6	**0,7 mg**	0,1 mg	0,3 mg	0,2 mg	0,0 mg	0,4 mg
Vitamin B12	**100,0 µg**	3,8 µg	37,0 µg	7,8 µg	3,3 µg	5,0 µg
Pantothensäure	**9,3 mg**	1,2 mg	4,1 mg	2,0 mg	1,3 mg	0,6 mg
Nikotinsäure	**13,0 mg**	4,9 mg	5,8 mg	8,0 mg	4,0 mg	7,5 mg
Biotin	**96,0 µg**	5,7 µg	**92,0 µg**	8,1 µg	5,9 µg	3,0 µg
Folsäure *	**592,0 µg**	0,0 µg	**170,0 µg**	4,0 µg	0,0 µg	3,0 µg

(Quellen: Meyer / Zentek (2013): Ernährung des Hundes, S. 288 ff., mit * gekennzeichnete Werte: Simon, S. (2009): BARF – Biologisch Artgerechtes Rohes Futter, S. 70 ff.)

Leber liefert im Vergleich zu Muskelfleisch oder anderen Innereinen besonders viel Phosphor, Kupfer, Mangan, Vitamin A, Vitamin K, Vitamin B2, Vitamin B12, Vitamin B5, Vitamin B3, Biotin und Folsäure. Sie enthält im Übrigen auch Vitamin C.

Milz ist ein ausgezeichneter Lieferant für Eisen, Kalium und Jod.

Niere weist einen sehr hohen Gehalt an Magnesium, Natrium, Selen und Biotin auf.

Lunge zeichnet sich im Vergleich zu den anderen Innereien durch keine besonders hohen Gehalte an Nährstoffen aus, hat aber den Vorteil, sehr mager zu sein und kann daher auch bei übergewichtigen und ständig hungrigen Hunden zur *moderaten* Steigerung der Futtermenge oder in getrockneter Form als Leckerli eingesetzt werden. Außerdem enthält Lunge sehr viel Taurin, eine Aminosäure, die zwar für Hunde nicht essenziell ist, deren zusätzliche Zufuhr aber beispielsweise bei herzkranken Hunden sinnvoll sein kann.

Herz liefert im Vergleich zum Muskelfleisch mehr Eisen, Natrium, Jod und Selen und außerdem die Vitamine D und E. Da es sich beim Herz um einen Muskel handelt, ist oft strittig, ob es überhaupt den Innereien und nicht dem Muskelfleisch zuzuordnen ist. Gemäß dem Beutetierkonzept sollte man jedoch Herz nicht in größeren Mengen verfüttern, denn das Herz macht nur ungefähr 0,5 % des Körpergewichts aus.

SCHON GEWUSST?

Kritiker warnen häufig vor einer Überversorgung des Hundes mit Vitamin A im Rahmen der Fütterung von Leber. Die Sorge ist jedoch unbegründet. Zwar kann Vitamin A bei Hunden durchaus zu hoch dosiert werden, jedoch tolerieren sie ausgesprochen große Mengen. Ein Hund müsste beispielsweise über 500 g Rinderleber pro kg Körpergewicht (30 kg schwerer Hund: 15 kg!) auf einmal fressen, um sich mit Vitamin A zu vergiften. Die Mengen, die bei BARF verfüttert werden (30 kg schwerer Hund: ca. 25 g Leber am Tag oder 175 g pro Woche) sind dafür viel zu gering. Selbst wenn der komplette Innereien-Anteil ausschließlich aus Leber bestünde, würden bedenkliche Mengen nicht erreicht werden. Eine Überversorgung kann jedoch mit der Gabe von Lebertran oder Vitamin-A-Tabletten erreicht werden, weshalb an dieser Stelle auf die Dosierung zu achten ist.

Innereien weisen neben der hohen Nährstoffdichte auch einen hohen Puringehalt auf. Das ist für gesunde Tiere vollkommen unbedenklich. Bei einigen Erkrankungen z. B. Leishmaniose, Lebershunt oder einer Neigung zu Uratsteinen (z. B. bei Dalmatinern) sollte jedoch auf eine purinarme Ernährung geachtet werden. In einem solchen Fall sollte ein Tierarzt oder ein zertifizierter Ernährungsberater zu Rate gezogen werden, um die Innereien im Futterplan sinnvoll ersetzen zu können.

Verteilung innerhalb des Innereienanteils

Im Beutetier zählt die Leber zu den größten inneren Organen und ist außerdem besonders reich an Nährstoffen. Daher sollte der Innereienanteil zu 30–40 % aus Leber bestehen, der Rest setzt sich zu gleichen Teilen aus Niere und Milz sowie Herz und Lunge zusammen. Ist es nicht möglich, Milz zu beschaffen oder lehnt der Hund sie ab, dann sollte eher etwas mehr Niere eingesetzt werden, als z. B. den Anteil an Lunge zu erhöhen. In diesem Fall wäre die Verteilung 40 % Leber, 30 % Niere und 15 % Herz und 15 % Lunge. Milz kann außerdem auch durch Blut ersetzt werden (50 ml pro 1 kg Futter).

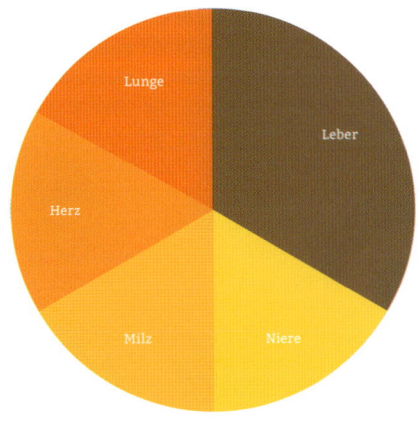

Die echte Verteilung im Beutetier ist übrigens abweichend. Je nach Beutetier ist die Leber das größte Organ, gefolgt von Nieren, Lunge, Herz und letztendlich Milz.

Die Lunge nimmt also in der Natur einen größeren Anteil ein, als er sich in der BARF-Ration wiederfindet. Dieses Vorgehen ist darin begründet, dass Lunge gegenüber den anderen Organen vergleichsweise wenige Nährstoffe enthält und Hunde für gewöhnlich vollkommen ausgeblutetes Fleisch bekommen, weswegen einige Nährstoffe z. B. Eisen möglicherweise unterrepräsentiert sind. Aus diesem Grund kann der Milzanteil in der Ration im Vergleich zu den realistischen Größenverhältnissen im Beutetier gesteigert werden. Denn Milz liefert etwa doppelt so viel Eisen wie die anderen Innereien – ein Nährstoff, der vor allem in Blut vorkommt. Auch Niere wurde ein höherer Stellenwert beigemessen, weil sie ca. 5–10-mal so viel Selen liefert wie die anderen Innereien und weil unser Fleisch aufgrund der in Deutschland vorherrschenden selenarmen Böden daher nur wenig Selen enthält.

Am besten achtet man bereits bei der Beschaffung des Futterfleisches darauf, eine solche Aufteilung einzuhalten. So muss man bei der Fütterung nicht mehr im Auge behalten, ob auch wirklich alle Innereien im richtigen Verhältnis vorkommen.

Sind Innereien nicht schädlich?

Einige Hundehalter finden Innereien eklig oder befürchten, dass diese als sogenannte Entgiftungsorgane schädlich für Hunde sind. Natürlich ist es so, dass bestimmte innere Organe im Körper nun einmal die Aufgabe haben, Stoffwechselendprodukte abzubauen oder auszuscheiden. Das heißt jedoch nicht unbedingt, dass diese Stoffe dann in diesen Organen angereichert werden, denn Ziel ist es ja, Substanzen wie Harnstoff usw. eben über diese Organe auszuscheiden.

Problematisch sind eher im Schlachttier eingelagerte Stoffe die auf unnatürliche Weise in das Schlachttier geraten. Dazu zählen Medikamente (z. B. Antibiotika), Umweltgifte (z. B. Dioxine) oder Schwermetalle (wie z. B. Quecksilber). Diese Toxine lagern sich aber nicht nur in den inneren Organen oder im Muskelfleisch ab, sondern vor allem im Fettgewebe. Demzufolge schützt der Verzicht auf Innereien nicht unbedingt davor. Hier sollte lieber versucht werden, auf Fleisch aus artgerechter Haltung oder vertrauenswürdigen Quellen zurückzugreifen.

Wie kann man Innereien schmackhaft machen?
Leider lehnen manche Hunde Innereien ab – vor allem dann, wenn sie jahrelang Fertigfutter gefressen haben. Das liegt vermutlich an deren Konsistenz und am speziellen Geruch. Man sollte Innereien auf keinen Fall ersatzlos aus dem Futterplan streichen, denn dann ist die Versorgung des Hundes mit einigen Nährstoffen nicht mehr sichergestellt.

Es gibt einige Tricks, um dem Hund diese Futterkomponente dennoch möglichst schmackhaft zu machen:
- Überbrühen
- In Butter anbraten
- In kleinen Mengen gewolft dem Fleisch untermischen
- Mit Pansen oder Blättermagen „parfümieren", also vermischen und über Nacht im Kühlschrank einziehen lassen
- Andere Beutetierart ausprobieren (z. B. Leber vom Kalb riecht und schmeckt weniger intensiv als vom Rind)

Wie kann man Innereien ersetzen?
Scheitern diese Versuche oder ist es aus anderen Gründen (z. B. weil der Hund eine Futtermittelallergie hat und Innereien von bestimmten Schlachttieren nicht verfügbar sind oder weil der Hund purinarm ernährt werden soll) nicht möglich, Innereien zu füttern, bleibt nichts Anderes übrig, als sie zu ersetzen. Ohne Innereien im Futterplan fehlt es dem Hund vor allem an Kupfer, Selen und den Vitaminen A, D, B2 sowie an Pantothensäure und Folsäure. Eisen und Biotin könnten dann ebenfalls knapp werden. Die folgende Tabelle zeigt, welche Nahrungsmittel man stattdessen im Plan integrieren kann. Die Mengen sollten mit einem zertifizierten Ernährungsberater oder Tierarzt besprochen werden, wenn Unsicherheit bezüglich der Dosierung herrscht. Vor allem Lebertran sollte nie nach Gutdünken dosiert werden (mehr dazu auf S. 74)!

Mögliche Substitute für Innereien

Fehlender Nährstoff	Besonders reich an diesem Nährstoff
Eisen	Blut
Kupfer	Meeresfrüchte, Hagebutten, Cashew-Kerne, Haselnüsse, Bierhefe
Selen	Kokosnuss, Sesam, Paranüsse
Vitamin A	Lebertran
Vitamin D	Lebertran, Salzwasserfische, Eigelb
Vitamin B2	Bierhefe
Pantothensäure	Bierhefe, Eigelb
Biotin	Eigelb, Bierhefe, Walnüsse
Folsäure	Bierhefe, Weizenkeime

Rohe, fleischige Knochen (RFK) sowie Knorpel

RFK

RFK dienen dem Hund bei BARF als Mineralstofflieferanten. Knochen liefern vor allem Calcium und Phosphor, aber auch Kalium, Natrium und Magnesium. Sie bestehen zur Hälfte aus puren Knochen und zu 50 % aus Fleisch. Der Anteil an RFK in der Ration beträgt in Abhängigkeit davon, ob Getreide gefüttert wird oder nicht, und welche Knochen verwendet werden, 15–25 % des tierischen Anteils.

Der Grund für diese Mengenangabe ist folgender: Kleine Beutetiere wie Hasen, Geflügel oder Mäuse bestehen zu maximal 7,5 % aus reinen Knochen, größere Beutetiere zu ungefähr 10 %. Kleine Beutetiere werden komplett aufgefressen, bei größeren Beutetieren bleibt, außer in extremen Notzeiten, etwa die Hälfte der Knochen liegen, weil sie einfach zu hart sind. Somit ergibt sich ein Anteil von durchschnittlich 15 % RFK der tierischen Komponenten, weil RFK als 50 % Knochen und 50 % Fleisch definiert ist.

Die angegebene RFK-Menge bezieht sich auf die Fütterung gemischter Knochen, also sowohl weicher als auch harter Varianten. Die Unterscheidung dieser Sorten bezieht sich auf den Mineralstoffgehalt: Weiche Knochen weisen demnach eine geringere Mineralstoffdichte auf als harte Knochen. Ein Indiz für die Härte der Knochen ist die Größe des Beutetiers: Je größer es ist, desto härter sind die Knochen. Daher muss der RFK-Anteil angepasst werden, wenn ausschließlich solche Knochen zum Einsatz kommen. Die Menge sollte daher auf 20 % (bei getreidefreier Fütterung) bzw. 25 % (bei BARF mit Getreide) angepasst werden.

Überblick Calciumgehalte Knochen

Knochen	Calciumgehalt pro 100 g
Hühnerkarkassen, -flügel	1,0 g
Hühnerhälse	1,6 g
Putenhals	2,0 g *
Kaninchenkarkassen	2,8 g
Rinderbrustbein	2,9 g
Lammrippen	10,9 g
Kalbsknochen	13,8 g

(Quellen: Simon, S. (2009): BARF – Biologisch Artgerechtes Rohes Futter, S. 70 ff., mit * gekennzeichneter Wert: http://www.primalpetfoods.com/)

Zu geringe RFK-Mengen in der Ration führen langfristig vor allem zu einem Calciummangel. Liefern Fleisch, Innereien und die pflanzlichen Zutaten noch ausreichende Mengen der übrigen in Knochen vorkommenden Mineralstoffe, so ist es jedoch nicht möglich, genügend Calcium über die Fütterung dieser Komponenten zuzuführen.

Wird der Anteil an RFK zu stark erhöht, so werden bestimmte Nährstoffe (z. B. Calcium oder Phosphor) überdosiert, was an sich schon nachteilig ist, aber auch noch zu sekundären Nährstoffmängeln bei anderen Nährstoffen führen kann (z. B. Magnesium). Weitere Mangelerscheinungen können dadurch entstehen, dass andere Futterkomponenten wie z. B. Innereien aufgrund eines zu hohen Anteils an Knochen aus dem Futterplan verdrängt werden. Außerdem führen große RFK-Anteile bei vielen Hunden zu Knochenkot oder gar einer Verstopfung. Aus diesem Grund sollte der RFK-Anteil, bezogen auf den tierischen Anteil der Ration, nicht mehr als 25 % RFK betragen und die Wochenportion auf mindestens zwei, besser noch drei Tage verteilt werden.

Die folgende Übersicht zeigt, den Anteil an RFK, der je nach Aufbau des Futterplans, verwendet werden sollte. Je höher der Anteil an RFK ist, desto geringer muss der Anteil an Pansen / Blättermagen werden.

Knochenart	BARF ohne Getreide	BARF mit Getreide
Nur weiche RFK	20 %	25 %
Gemischte RFK	15 %	20 %

Beispiele für eher weiche RFK sind:
Hühnerrücken bzw. -karkassen, -hälse, -flügel, -füße, -schenkel bzw. Hälse, Köpfe und Karkassen von Ente, Gans, Pute oder Kaninchen.

Beispiele für eher harte RFK sind:
Lammrippen, Lammbrustbein, Lammhalsknochen, Ziegenknochen, Pferdenackenknochen, Pferdebrustbein, Rinderbrustbein, Kalbsrippen, Kalbsbrustbein, Wildrippen, Rinderknochen, Rehhälse und Sandknochen.

Es gibt einige Knochen, die lieber gemieden werden sollten, weil sie entweder zu hart sind (z. B. Ochsenschwanz) oder aufgrund ihrer Form Gefahren bergen, da sie sich über den Kiefer des Hundes stülpen könnten (z. B. Markknochen, Beinscheiben).

ACHTUNG! Knochen dürfen nur roh gefüttert werden! Gekochte Knochen sind poröser, können splittern und den Hund lebensgefährlich verletzen. Auch bei Röhrenknochen oder Knochen älterer Schlachttiere besteht die Gefahr des Splitterns. Es gibt genügend alternative Knochensorten, um dieses Risiko zu umgehen.

Angst vor der Knochenfütterung

Viele Hundehalter fürchten sich vor der Knochenfütterung und haben Bedenken, dass der Hund sich verletzen könnte. Vor dem Hintergrund, dass Hunde Beutefresser und von Natur aus auf das Fressen von Knochen eingestellt sind, ist diese Sorge eigentlich unbegründet. Dennoch muss hier nicht dogmatisch vorgegangen werden: Wer schlechte Erfahrungen gemacht hat oder wegen der Knochenfütterung nachts kein Auge mehr zumacht, sollte sie sachgerecht ersetzen. Einige Hunde vertragen auch keine Knochen und erbrechen sie oder bekommen schnell Knochenkot. Wie bereits ausgeführt, dürfen Knochen nicht ersatzlos aus dem Futterplan gestrichen werden, da sonst vor allem die Calciumversorgung nicht sichergestellt ist!

Wie kann man Knochen ersetzen?

Um die Calciumversorgung ohne RFK zu decken, können auch Calciumcitrat, Algenkalk, Eierschalenpulver (besteht zu 98 % aus Calciumcarbonat) oder Knochenmehl eingesetzt werden. Hierbei ist bei gesunden Hunden Knochenmehl den anderen Alternativen vorzuziehen, da es die natürliche Nährstoffversorgung durch ganze Knochen optimal ersetzt und nicht nur Calcium, sondern auch Phosphor, Magnesium, Kalium und Zink liefert. Beim Kauf sollte auf ein angemessenes Calcium / Phosphor-Verhältnis von mindestens 3:1 geachtet werden.

Calciumcitrat, Eierschalenpulver / Calciumcarbonat hingegen enthalten lediglich Calcium. Calciumcarbonat, also auch Eierschalenpulver, ist als Dauergabe meist nicht geeignet, weil es bei Kontakt mit Magensäure so reagiert, dass deren Wirkungsgrad reduziert wird. Diese Calciumverbindung fungiert also als eine Art Säureblocker und bindet zudem Phosphor, was häufig nicht sinnvoll ist. Eine Ausnahme stellen hier z. B. niereninsuffiziente Hunde dar, bei denen dieser Effekt gewünscht ist. Calciumcitrat hingegen hemmt den Wirkungsgrad der Salzsäure im Magen nicht in dem Umfang, weshalb es Calciumcarbonat vorzuziehen ist. Algenkalk liefert zwar abgesehen von Calcium auch noch andere Mineralstoffe, allerdings liegt das enthaltene Calcium ebenfalls als Carbonat vor und die Nährstoffverteilung ist stark abweichend von Knochen.

Wenn Knochen durch Substitute ersetzt werden, so sollte der Fleischanteil der RFK auf das Muskelfleisch oder anteilig auch auf den Pansen / Blättermagen angerechnet werden. Das bedeutet, wenn z. B. 100 g RFK aus der Ration durch Knochenmehl ersetzt werden, dann 100 g mehr Muskelfleisch oder 100 g mehr Pansen gefüttert werden muss, da sonst die Futtermenge zu gering wird.

Um zu ermitteln, wie viel eines Calciumpräparates verwendet werden muss, gibt es Hilfen. Auf www.barf-check.de ist ein kostenloser BARF-Rechner zu finden. Außerdem können die Formeln aus dem folgenden Exkurs angewendet werden.

EXKURS:
Calcium- und Supplementmenge ermitteln

Sollen Knochen in der BARF-Ration durch Calcium-Supplemente ersetzt werden, ist es notwendig, die richtige Menge zu ermitteln. Da, wie bereits ab S. 24 erläutert, der wissenschaftliche Calcium-Bedarfswert nicht auf gebarfte Hunde angewendet werden kann, muss eine alternative Formel verwendet werden, wenn die Knochen durch Zusätze wie Knochenmehl, Calcium-Citrat o. ä. ersetzt werden sollen. Die Formeln ermitteln den Anteil an Calcium, der durch Knochen geliefert werden würde. Sie berücksichtigen nicht die anderen Nahrungsbestandteile, die weiteres Calcium liefern, wenn auch in geringeren Mengen.

Calcium-Menge

Um die bei ausbleibender RFK-Fütterung notwendige Calcium-Menge zu berechnen, können folgende Formeln verwendet werden:

BARF ohne Getreide:

$$\text{Calcium-Menge in g pro Tag} = 2{,}4 \times \frac{\text{Gesamtfuttermenge in g pro Tag}}{1000}$$

BARF mit Getreide:

$$\text{Calcium-Menge in g pro Tag} = 2{,}8 \times \frac{\text{Gesamtfuttermenge in g pro Tag}}{1000}$$

Achtung! Diese Formeln können nur dann angewendet werden, wenn die BARF-Ration wie in diesem Buch beschrieben aufgebaut ist.

Die Werte können auch auf gebarfte Welpen und Hunde im Wachstum sowie trächtige und laktierende Hündinnen angewendet werden, da sie nicht auf dem Gewicht des Hundes basieren, sondern die Futtermenge und damit den Mehrbedarf an sämtlichen Nährstoffen berücksichtigen. Ein Hund braucht in solchen besonderen Lebensphasen schließlich nicht nur mehr Calcium, sondern insgesamt mehr Futter, weil sämtliche Bedarfswerte ansteigen.

Beispiel A
Ein 30-kg-Hund bekommt am Tag insgesamt 600 g Futter. Bekommt der Hund BARF mit Getreide, dann lautet die Formel: 2,8 × 600 g / 1000 = 1,68 g am Tag, wird er getreidefrei gebarft, so lautet die Rechnung: 2,4 × 600 g / 1000 = 1,44 g am Tag. Das ist jeweils die Menge an Calcium, die mit einem entsprechenden Supplement wie etwa Knochenmehl zugeführt werden müsste.

Beispiel B
Ein 10-kg-Welpe bekommt am Tag ebenfalls 600 g Futter. Wie oben ergeben sich für diesen Welpen die gleichen Mengen. Nur, dass der Welpe damit dann aufgrund seines geringeren Gewichts viel mehr Calcium pro kg Körpergewicht aufnimmt als der erwachsene Hund. Damit ist auch der höhere Bedarf in der Wachstumsphase abgedeckt.

Supplement-Menge

Sobald die Calcium-Menge ermittelt wurde, kann mit der folgenden Formel berechnet werden, wie viel Supplement gegeben werden muss.

$$\text{Supplement-Menge in g pro Tag} = \frac{\text{Calcium-Menge in g pro Tag}}{\text{Calciumanteil des Supplements in \%*}}$$

Beispiel
Der 30-kg-Hund soll, wie in Beispiel A ermittelt 1,44 g Calcium am Tag über ein Supplement an Stelle von RFK bekommen. Der Halter hat sich für ein Knochenmehl entschieden. Auf der Packung steht, dass das Produkt 25 % Calcium enthält. Welche Menge muss der Hund davon am Tag bekommen?

$$\text{Supplement-Menge in g pro Tag} = \frac{1{,}44\ g}{25\ \%} = \frac{1{,}44\ g}{25/100} = \frac{1{,}44\ g}{0{,}25} = 5{,}8\ g\ \text{Knochenmehl am Tag}$$

Wichtig ist, zu beachten, dass Calciumpräparate nur dann eingesetzt werden sollten, wenn der Hund keine RFK bekommt oder eine geringere Menge als in der BARF-Rationsgestaltung vorgesehen. Eine Überversorgung mit Calcium ist genauso bedenklich wie eine Unterversorgung. Aus diesem Grund sollte davon abgesehen werden, Calcium-Supplemente grundlos zu verabreichen.

* % ≙ 1/100

Knochen und saubere Zähne
Neben der Nährstoffversorgung haben RFK außerdem einen Zahnreinigungseffekt, sofern sie am Stück verfüttert werden. Durch die Kaubewegungen wird der Zahnbelag abgerieben, sodass Zahnstein gar nicht erst entstehen kann. Hunden, die keine Knochen fressen dürfen oder sollen, können ersatzweise entweder sehr große Knochen (wie z. B. eine Rinderhesse) gegeben werden, von denen nur Haut, Sehnen und Knorpel, nicht aber die Knochensubstanz selbst gefressen werden kann, oder man stellt Kauartikel wie Rinderkopfhaut oder Kauwurzeln zur Verfügung. Getreidehaltige Kauknochen aus dem Tierfutterbedarf eignen sich nicht für diesen Zweck, da sie einerseits zu weich sind und andererseits Kohlenhydrate enthalten, die Zahnbeläge eher fördern als verhindern (siehe S. 42).

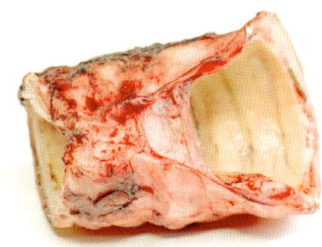

Knorpel
Knorpel besteht hauptsächlich aus Kollagenfasern. Entgegen anderslautender Behauptungen hat er keinen ausreichenden Calciumgehalt, um RFK zu ersetzen. Denn Knorpel liefert nur etwa 40 mg Calcium pro 100 g. Bei RKF wird durchschnittlich von 2.000 mg Calcium pro 100 g ausgegangen. Es ist also auf keinen Fall möglich, an Stelle von Knochen nur Knorpel zu füttern.

Dennoch kann Knorpel in moderaten Mengen Eingang in den Futterplan finden, denn er liefert Glucosamin und Chondroitin. Das sind Stoffe, die zur Vorbeugung von Knorpelabbau im Rahmen von Gelenkerkrankungen eingesetzt werden. Außerdem eignet sich Knorpel aufgrund der geringen Nährstoffdichte auch als kalorienarmer Kauspaß für den Hund.

Beispiele für Knorpel:
Luftröhre, Gelenkknorpel, Schaufelknorpel, Kehlkopf

ACHTUNG! Am Kehlkopf von Säugetieren befindet sich die Schilddrüse. Die darin enthaltenen Hormone (z. B. Thyroxin) können den Hormonhaushalt des Hundes beeinflussen und bei einer zu hohen Menge erhöhte Schilddrüsenwerte im Blut oder sogar eine exogene Schilddrüsenüberfunktion (Thyreotoxicosis factitia) provozieren. Kehlkopf sollte daher nur in sehr geringen Mengen gefüttert werden. Eben in den Mengen, in denen er im Beutetier vorkommt. Um es zu verdeutlichen: Ein 30-kg-Hund bräuchte ungefähr drei Jahre, um ein komplettes Rind (inklusive des einen Kehlkopfes) zu fressen. In diesem Zusammenhang sollte auch darauf geachtet werden, keine Fleisch-Mixe zu kaufen, die möglicherweise Schilddrüsengewebe enthalten. Davon könnten z. B. Schlund- oder Kopffleisch betroffen sein. Fragen Sie beim Anbieter nach, ob Schilddrüsengewebe darin enthalten ist.
Bei Geflügel befindet sich die Schilddrüse übrigens nicht im oberen Bereich des Halses, sondern weiter unten, in Richtung Brust, weshalb Hühner- und Putenhälse in der Regel kein Problem darstellen. Außerdem ist deren Schilddrüse natürlich wesentlich kleiner als die eines 600-kg-Rinds. Solange Thyroxin mit dem Futter in geringen Mengen zugeführt wird, ist der Körper außerdem dazu in der Lage, dies auszugleichen.

Milchprodukte

Milchprodukte kommen in der natürlichen Ernährung eines Karnivoren eigentlich nicht vor, sie haben jedoch eine sehr gute Aminosäurenzusammensetzung, liefern einige wichtige Nährstoffe und können in moderaten Mengen durchaus ihren Platz im Futterplan finden. Hierbei handelt es sich um eine optionale Futterkomponente, die nicht zwingend eingesetzt werden muss. Außerdem sind Hunde mehr oder weniger laktoseintolerant, sodass pure Milch in der Regel nur in sehr geringen Mengen vertragen wird. Hüttenkäse und Quark oder Sauermilchprodukte wie Kefir, Buttermilch und Joghurt werden in der Regel besser toleriert. Dennoch sollte der Anteil an Milchprodukten 5 % des Anteils tierischer Komponenten nicht übersteigen, weil es Milchprodukten im Vergleich zu Fleisch an einigen Nährstoffen wie etwa Zink, Kalium, Eisen und Kupfer fehlt. Wenn sie im Futterplan integriert werden sollen, ist die Menge beim Muskelfleisch abzuziehen.

Eier

Eier stellen eine sehr gute Ergänzung des Futterplans dar, denn das enthaltene Eiweiß weist ein ideales Aminosäurenprofil auf, liefert dem Hund also hochwertiges Protein. Sie sind außerdem sehr nährstoffreich, denn sie enthalten abgesehen von Vitamin C sämtliche Vitamine und liefern außerdem im Vergleich zu Muskelfleisch viel Vitamin D. Werden Eier inklusive Schale gefüttert, so steuern sie außerdem noch Calcium zum Futterplan bei, was allerdings bei einer Knochenfütterung nicht notwendig ist. Idealerweise wird vom Ei lediglich das Eigelb roh verfüttert, denn das Eiklar enthält einen Stoff namens Avidin, der Biotin bindet und damit dessen Aufnahme verhindert. Bei großen Mengen Eiklar kann es daher zu einem Biotin-Mangel kommen, allerdings nur, wenn es ohne das Eigelb gefüttert wird. Das enthält nämlich wiederrum viel Biotin. Der Biotingehalt des Eigelbs ist hoch genug, um den Avidin-Gehalt des Eiklars zu kompensieren. Daher können ganze Eier bedenkenlos verfüttert werden. Außerdem ist Avidin hitzeempfindlich. Wird das Eiklar also gekocht, kann es selbst in größeren Mengen bedenkenlos verfüttert werden. Das Eigelb sollte nicht gekocht werden, denn dadurch gehen viele der wertvollen Nährstoffe, z. B. hitzeempfindliche B-Vitamine, verloren.

Hunde können je nach Körpergröße 1–3 Eier pro Woche bekommen. Wenn sehr viel Ei gefüttert wird, so ist die Menge beim Muskelfleisch abzuziehen.

Gemüse / Obst

Gemüse und Obst liefern dem Hund hauptsächlich Faserstoffe. Wild lebende Raubtiere nehmen solche unverdaulichen Nahrungsbestandteile über das Fell der Beute und Futterreste, die sich im Verdauungstrakt kleiner Beutetiere befinden, sowie über Kot von Pflanzenfressern, Gräser, Früchte und Kräuter auf. Entgegen den kursierenden Behauptungen, dass beispielsweise Wölfe zuerst den Mageninhalt größerer Beutetiere fressen würden, verschmähen sie diesen nahezu gänzlich.

Allerdings nehmen sie über kleinere Beutetiere, die sie komplett samt Darminhalt fressen, Faserstoffe auf, sowie auch direkt, indem sie aktiv Pflanzen fressen. In Studien (z. B. Müller, S. (2006)) wurde der Kot von Wölfen untersucht. Daraus ging hervor, dass sich in der Losung der Tiere 0,3 % Beeren, 1,9 % Pflanzenmaterial und etwa 3,4 % andere Bestandteile wie Blätter, Äste und Steine befanden.

Ein Hund benötigt keine großen Mengen Rohfaser, aber ein gewisser Teil an schwer- bzw. unverdaulichen Bestandteilen ist sinnvoll und auch natürlich. Diese erhöhen den Füllungsdruck im Verdauungskanal und fördern damit die Darmperistaltik und -passage. Außerdem benötigen Hunde unverdauliche Faserstoffe zur Gesunderhaltung der Darmflora, da sich einige "gute" Darmbakterien mittels mikrobieller Fermentation von bestimmten Faserstoffen ernähren. Es ist davon auszugehen, dass ein Anteil von 0,25–0,4 % Rohfaser in einer BARF-Ration ausreichend ist. Das entspricht bei einem durchschnittlichen Rohfasergehalt von Gemüse und Obst in Höhe von ca. 0,5–2,0 % in etwa dem bei BARF veranschlagten Anteil an pflanzlichen Komponenten.

Wird der Anteil an Faserstoffen in der Ration zu groß, hat das Nachteile für den Hund, denn dadurch wird die Verdaulichkeit des Futters gesenkt. Außerdem erhöht sich natürlich die Kotmenge, was oft unerwünscht ist.

Bei BARF wird der Rohfaseranteil der Nahrung über die Fütterung von Gemüse und Obst sichergestellt. Der Anteil beträgt 20 % der Gesamtfuttermenge. Diese Menge setzt sich zu ca. ⅔ aus Gemüse und ⅓ aus Obst zusammen.

In der Regel werden Gemüse und Obst bei BARF püriert gefüttert. Das Pürieren hat den Effekt, dass die Zellwände der Früchte zerstört werden, welche hauptsächlich aus Cellulose bestehen, die der Hund nicht aufspalten kann. Auf diese Art erhält der Hund nicht nur Zugang zu den im Gemüse enthaltenen Vitaminen und Mineralstoffen, sondern vor allem zu den Enzymen sowie sekundären Pflanzenstoffen. Als Beutefresser ist der Hund nicht auf pflanzenbasierte Nährstoffe angewiesen, denn er kann seinen Bedarf an Vitaminen und Mineralstoffen allein über die Aufnahme von Fleisch, Innereien und Knochen decken. Die übrigen Pflanzenstoffe sind zwar nicht in tierischen Futtermitteln enthalten, wirken sich allerdings positiv auf die Gesundheit des Hundes aus. Gemüse und Obst enthalten die bereits erwähnten unverdaulichen Faserstoffe, die einigen Darmbakterien als Nahrungsgrundlage dienen.

Beispiele für geeignete Obstsorten:
Äpfel, Birnen, Aprikosen, Pfirsiche, Himbeeren, Heidelbeeren, Preiselbeeren, Johannisbeeren, Stachelbeeren, Melonen, Pflaumen, Nektarinen, Ananas, Papayas, Bananen, Feigen, Granatapfel, Kaki, Erdbeeren, Zwetschgen, Mirabellen

Beispiele für geeignete Gemüsesorten:
Karotten, Feldsalat, Fenchel, Zucchini, Gurken, rote Paprikaschoten, Spinat, Rucola, Chicorée, Kürbis, Kartoffeln (kochen!), Mangold, Eisbergsalat, Endiviensalat, Kopfsalat, Eichblattsalat, Lollo Rosso, Rote Beete, Pastinaken, Artischocken, Süßkartoffeln, Brokkoli

Besonders vorteilhaft sind grüne Blattgemüse und Beerenobst. Natürlich macht es aus wirtschaftlichen und ökologischen Gründen Sinn, sich auf regionale und saisonale Obst- und Gemüsesorten zu beschränken. Dennoch sollte auch hier auf Abwechslung geachtet werden, jeweils 2–3 Sorten sind aber ausreichend.

Manche Kohl-Gemüsesorten wie z. B. Brokkoli werden von einigen Hunden in rohem Zustand nicht gut vertragen. Diese können entweder weggelassen oder blanchiert verfüttert werden. Zwiebelgemüse und Hülsenfrüchte (kochen!) sollten nur sehr in geringen Mengen Eingang in den Futterplan finden. Auch sie müssen nicht unbedingt verfüttert werden.

Im Handel erhältliche getrocknete Obst- und Gemüseflocken ersetzen frische Früchte nicht und sollten daher nicht ausschließlich eingesetzt werden.

ACHTUNG! Es kann jede erdenkliche Art von Gemüse und Obst verwendet werden, abgesehen von Auberginen, Avocados, rohen Gartenbohnen, rohen Holunderbeeren, rohen Hülsenfrüchten, rohen Kartoffeln, Paprika (grün und gelb), Quitten, Tomaten (unreif) sowie Weintrauben bzw. Rosinen (Lebensgefahr!). Einige Früchte enthalten einen Stoff namens Oxalsäure. Dieser hemmt die Aufnahme von Calcium, weshalb diese Lebensmittel nur in Maßen gefüttert werden sollten. Oxalsäurehaltige Gemüse sind z. B. Mangold, Spinat, Grünkohl und Rhabarber.

EXKURS:
Sekundäre Pflanzenstoffe

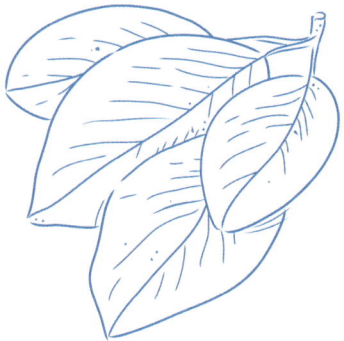

Wie wirken sekundäre Pflanzenstoffe?

Bei sekundären Pflanzenstoffen handelt es sich um pflanzliche Bestandteile, die keine primäre Nährstofffunktion wie etwa Vitamine, Mineralstoffe oder Eiweiße haben, sich aber dennoch positiv auf den Organismus auswirken können. Einige dieser bioaktiven Substanzen entfalten vielfältige Schutzwirkungen und gelten daher als gesundheitsfördernd.

Sekundäre Pflanzenstoffe können folgendermaßen wirken:
- antikanzerogen (→ gegen Krebs),
- antimikrobiell,
- antioxidativ (→ vor oxidativem Stress schützend),
- antithrombotisch,
- immunmodulierend,
- antiinflammatorisch (→ entzündungshemmend),
- blutdruckregulierend,
- cholesterinspiegelsenkend,
- blutglukoseregulierend,
- anthelminthisch (→ wurmwidrig) und
- verdauungsfördernd.

Da Krebs auch bei Hunden eine der häufigsten Todesursachen ist, ist für Hundehalter insbesondere die antikanzerogene Wirkung von Bedeutung. Die Forschung konzentriert sich hierbei zwar auf den Menschen, Studien haben jedoch gezeigt, dass die Ernährung bei der Entstehung von Krebs einer der entscheidenden Faktoren ist und zu 20–60 % Einfluss nimmt. In zahlreichen Untersuchungen wurde die antikanzerogene Wirkung sekundärer Pflanzenstoffe nachgewiesen; d. h., dass Tiere, die sekundäre Pflanzenstoffe aufnehmen, weniger häufig an Krebs erkranken. Zumeist werden derartige Untersuchungen an Nagetieren durchgeführt und auf den Menschen übertragen. Aus diesem Grund kann auch für Hunde von einer entsprechenden Wirkung ausgegangen werden.

Die deutlichsten Ergebnisse zeigten dabei frisches, nicht erhitztes Obst und Gemüse. Das hängt vermutlich damit zusammen, dass manche dieser Stoffe hitzeempfindlich sind. Da diese Komponenten bei BARF ebenfalls roh verfüttert werden, ist ein auf die Art ernährter Hund also optimal mit sekundären Pflanzenstoffen versorgt.

Einige der bioaktiven Substanzen werden erst dann freigesetzt, wenn sie durch mechanische Beschädigung, also z. B. beim Zerkleinern aus dem pflanzlichen Zellgewebe gelöst werden. Die Erreichbarkeit der Substanzen für den Hund wird also auch hier erst durch Pürieren sichergestellt.

Wo kommen sekundäre Pflanzenstoffe vor?

Die für Hunde wichtigsten sekundären Pflanzenstoffe sind:
- Carotionide,
- Phytosterine,
- Polyphenole,
- Glucosinolate und
- Sulfide.

Es gibt noch eine ganze Reihe weiterer sekundärer Pflanzenstoffe, doch manche (z. B. Saponine, Terpene) kommen in Pflanzen oder Substanzen vor, die für Hunde eher nicht geeignet sind, z. B. in Hülsenfrüchten oder in Zitrusölen. Daher werden sie an dieser Stelle nicht näher betrachtet.

Carotinoide, die vor allem in Karotten, Aprikosen, Grünkohl, Spinat, Kürbis und Kopfsalat vorkommen, wirken antioxidativ, immunstimulierend, antikanzerogen und verhindern Zellkernschädigungen.

Phytosterine, die insbesondere in Samen wie z. B. Sonnenblumenkernen oder Sesam zu finden sind, wirken ebenfalls krebshemmend und zudem cholesterinsenkend.

Polyphenole, also Phenolsäuren und Flavonoide, die in fast allen Pflanzen vorkommen, sind ebenso antikanzerogen, antimikrobiell und antioxidativ. Walnüsse, Brombeeren, Pecannüsse, Himbeeren und Grünkohl zählen zu den Spitzenreitern unter den Polyphenol-Lieferanten. Besonders flavonoidreich sind unter anderem Grünkohl, Äpfel, Kirschen und Brokkoli.

Glucosinolate kommen vor allem in Kreuzblütlern vor. Die höchsten Gehalte wurden in Gartenkresse, Kohlrabi und Rosenkohl festgestellt, aber auch Rotkohl, Brokkoli und Blumenkohl liefern erhebliche Mengen. Glucosinolathaltige Gemüsesorten sollten bei Hunden mit Schilddrüsenerkrankungen trotz ihrer sonst positiven Eigenschaften gemieden werden, weil sie die Aufnahme von Jod in der Schilddrüse hemmen können. Einige Hunde vertragen die Gemüsesorten, in denen diese bioaktive Substanz enthalten ist, außerdem roh nicht besonders gut. Glucosinolate werden durch Erhitzen oder durch Milchsäure-Gärung abgebaut. Dann sind sie für Schilddrüsenpatienten zwar unbedenklich, und für viele Hunde besser verträglich, verlieren aber auch ihre positive Wirkung.

Sulfide (wie sie z. B. in Knoblauch vorkommen) haben ein breites Wirkungsspektrum und sind antikanzerogen, antimikrobiell, antioxidativ, antithrombotisch, immunmodulierend, entzündungshemmend, cholesterinsenkend und verdauungsfördernd, indem sie den Speichelfluss sowie die Magensaftsekretion und die Darmperistaltik anregen. Außerdem haben sie im Fall von Knoblauch auch eine wurmwidrige Wirkung.

Obst, Gemüse und auch Kräuter tragen durch die enthaltenen sekundären Pflanzenstoffe demnach erheblich zur Gesundheit gebarfter Hunde bei. Das heißt natürlich nicht, dass der pflanzliche Anteil in der BARF-Ration auf mehr als 20 % oder 30 % angehoben werden sollte, weil dann die Verdaulichkeit der Gesamtration abnimmt, aber eben auch nicht, dass es gar nicht notwendig oder von Nachteil wäre Obst, Gemüse und Kräuter in die Ration einzubeziehen.

Wenn Hunde ihr Gemüse nicht fressen wollen
Einige Hunde lehnen vegane Komponenten im Futter zum Ärgernis ihrer Besitzer weitgehend ab, pur fressen sie sie schon gar nicht. In einem solchen Fall kann der Gemüse-Obst-Mix mit dem Fleisch vermengt werden. Auch durch Vermischen mit Fischöl, Butter, Joghurt oder Übergießen mit Fleischbrühe (bitte keine Instant-Brühe) wird diese Futterkomponente für Hunde attraktiver. Manchmal ist eine Verweigerung bestimmter Futterkomponenten allerdings auch darin begründet, dass der Hund etwas nicht verträgt.

In diesem Fall ist es sinnvoll, das Obst und Gemüse zu dünsten und zu beobachten, ob der Hund dann besser damit zurecht kommt.

Wenn ein Hund weder rohes, noch gekochtes Gemüse und Obst frisst oder verträgt, so kann der Faseranteil durch Flohsamenschalen ersetzt werden. Der Vorteil von Flohsamenschalen ist, dass sie im Gegensatz zu Weizenkleie & Co. in der Regel auch von Allergikern vertragen werden und dass nur sehr geringe Mengen davon benötigt werden. Es ist vollkommen ausreichend geringe Mengen pro Tag zu füttern: je nach Größe des Hundes sind ½ TL bis 1 EL vollkommen ausreichend. Man sollte hier beachten, dass die Flohsamenschalen stark aufquellen. Bei Hunden, die häufiger unter sehr hartem Kot leiden, sollten sie nur eingeweicht eingesetzt werden. Hat ein Hund eher zu weichen Kot, kann ausprobiert werden, ob sich dieser Zustand durch die Gabe von uneingeweichten Flohsamenschalen verbessert. Mit Flöhen haben sie übrigens nichts zu tun. Es handelt sich dabei um die Schalen der Samen einer Pflanze namens Plantago ovata. Die Samen erinnern ihr Aussehen betreffend an Flöhe. Die Schalen werden auch als Indische Flohsamenschalen bezeichnet und weisen einen Ballaststoffanteil von fast 90 % auf (Vergleich: Obst und Gemüse besteht zu ca. 1 % aus Ballaststoffen).

EXKURS:
Knoblauch

Ist Knoblauch gefährlich?

Viele Barfer verarbeiten regelmäßig Knoblauch im Gemüse-Obst-Mix, was von Veterinären oft sehr kritisch gesehen wird. Das Argument gegen diese Praktik lautet stets, dass in Studien nachgewiesen worden sei, dass eine in Zwiebelgewächsen (Knoblauch, Bärlauch, Zwiebeln) vorkommende Schwefelverbindung eine Anämie hervorrufen kann, indem sie bei einem, die Zellwände von roten Blutkörpern schützenden Enzym namens Glucose-6-phosphat-Dehydrogenase, einen Mangel hervorruft. Daher gilt Knoblauch – völlig zu Unrecht – als grundsätzlich giftig für Hunde. Leider übersehen die Kritiker, dass im Rahmen der Studien Unmengen an Knoblauch verfüttert wurden, bis die Hunde entsprechende Veränderungen im Blut aufwiesen. Ein mittelgroßer Hund müsste etwa 50 Knoblauchzehen auf einmal fressen, um die als toxisch geltende Dosis zu erreichen. Kein Hund würde diese Menge freiwillig fressen.

Kritische Stimmen werfen oft die Frage auf, wieso überhaupt Komponenten verfüttert werden, die als bedenklich gelten, wenn auch nur in geringen Mengen. Dazu sei angemerkt, dass nahezu jedes Lebensmittel das Potenzial besitzt, ab einer gewissen Menge gesundheitsschädlich zu sein – die Dosis macht das Gift. Menschen können beispielsweise an einer Wasservergiftung sterben, wenn sie gerade einmal das 5-fache der empfohlenen Tagesmenge in kurzer Zeit zu sich nehmen – regelmäßig landen Marathonläufer deswegen auf der Intensivstation. Niemand käme auf die Idee, deswegen grundsätzlich vor Wasseraufnahme zu warnen, obwohl die Toleranz viel geringer zu sein scheint als im Falle von Knoblauch. Denn ein Hund muss das über 100-fache der empfohlenen Tagesdosis davon aufnehmen, um zu Schaden zu kommen.

Warum füttern Barfer Knoblauch?

Nun, Knoblauch hat positive Auswirkungen auf den Körper. Er enthält nachweislich gesundheitsfördernde, sekundäre Pflanzenstoffe und wirkt sogar wurmwidrig. Das im Knoblauch vorkommende Alliin löst im Körper außerdem eine Reihe von Reaktionen aus, die letztendlich ebenfalls antioxidativ wirken, also die Zellen schützen. Einige Halter berichten auch davon, dass mit Knoblauch gefütterte Hunde weniger attraktiv für Zecken oder Flöhe wären.

Knoblauch hat also umfangreiche positive Eigenschaften, weswegen es nicht schadet, sondern eher nützt, pro 250 g Gemüse-Obst-Mix etwa eine Knoblauchzehe zu verarbeiten. Auf die Gabe von Knoblauchgranulaten sollte jedoch verzichtet werden, da die Menge so nur sehr schwer abzuschätzen ist. Abgesehen davon, sind frische Produkte, verarbeiteten Lebensmitteln immer vorzuziehen.

Getreide / Pseudo-Getreide

Getreide oder Pseudo-Getreide (im Folgenden unter Getreide zusammengefasst) dienen hauptsächlich als Kohlenhydrat- und demnach Energielieferanten und finden sich in dieser Form eigentlich nicht in der natürlichen Nahrung eines Raubtieres wieder. Hunde haben – ebenso wie Wölfe – keinen Kohlenhydratbedarf, sind jedoch in der Regel in höherem Maße in der Lage, Kohlenhydrate zu verwerten als ihre wilden Vorfahren. Das bedeutet jedoch nicht, dass ein Großteil der Futterration aus diesen Futtermitteln bestehen sollte, da sie auch Nachteile mit sich bringen (z. B. Zahnstein, erhöhtes Risiko von Magendrehungen) und zudem von manchen Hunden nicht oder nur in begrenzten Mengen vertragen werden. Einige Hunde haben mit glutenfreien Getreidesorten weniger Probleme als mit glutenhaltigen.

Viele Barfer neigen dazu, Getreide komplett abzulehnen. Dazu gibt es jedoch keinen Grund. Solange der Hund diese Futtermittel verträgt, können sie auch problemlos in den bei BARF vorgesehenen, geringen Mengen eingesetzt werden. Manche Hunde mögen Getreide recht gerne und gerade für Hunde, die permanent Hunger haben, oder ständig unter Untergewicht leiden und nicht zunehmen, kann Getreide eine gute Ergänzung sein.

Getreide muss stets gekocht bzw. aufgeschlossen (z. B. in Form von Flocken) gefüttert werden, sonst können Hunde es nicht verwerten. Der Anteil an der Gesamtration sollte dabei in gekochtem Zustand maximal 10–15 % betragen.

Beispiele für Getreide:
Hafer, Hirse (glutenfrei), Roggen, Dinkel, Reis (glutenfrei), Gerste

Beispiele für Pseudo-Getreide (glutenfrei):
Amaranth, Quinoa, Buchweizen

Getreidekörner, -flocken und -mehle liefern neben Energie in Form von Kohlenhydraten und etwas Protein eine Reihe von Mineralstoffen und Vitaminen, jedoch beinhalten sie auch Substanzen, sogenannte diätische Antagonisten, die die Bioverfügbarkeit bestimmter Nährstoffe sehr stark beeinflussen können. So hemmen diese antinutritiven Substanzen die Aufnahme von Calcium, Magnesium, Eisen, Mangan und Zink, sodass der teilweise hohe Gehalt an diesen Nährstoffen in Getreide letztendlich dem Organismus nicht zur Verfügung steht. Das trifft auch auf Pseudogetreide zu. Mehr Informationen zum Thema Antinährstoffe und deren Auswirkungen, sind dem Exkurs auf S. 24 zu entnehmen.

Warum große Getreidemengen nicht für Hunde geeignet sind
Hunde sind zwar in der Lage, aufgeschlossenes Getreide zu verdauen, jedoch ist es kein natürlicher Nahrungsbestandteil, der zudem einige Nachteile mit sich bringt. Das in Getreide enthaltene Eiweiß hat eine sehr ungünstige Aminosäurenzusammensetzung. Minderwertiges Eiweiß wird nicht hauptsächlich im Dünndarm, sondern auch im Dickdarm verdaut, was zu einer erheblichen Ausschüttung von Ammoniak und Aminen führt, und damit auf Dauer Nieren und Leber schädigt.

Eine kohlenhydratreiche Ernährung begünstigt zudem die Bildung von bakteriellen Zahnbelägen und erhöht die Gefahr von Magendrehungen. Ein großer Getreideanteil im Futter verdrängt außerdem nährstoffreiche Komponenten aus dem Futterplan: Wenn schon 50 % der Ration aus Getreide bestehen, können Fleisch, Innereien und RFK nicht mehr in der vorgesehenen Menge eingesetzt werden. Welpen fehlt bis zum Alter von drei Monaten sogar die nötige Enzymausstattung, um Kohlenhydrate effizient zu verwerten und auch bei erwachsenen Hunden sind die Kapazitäten begrenzt – sie können maximal ⅔ ihres Energiebedarfs über Kohlenhydrate decken. Mit Fett ist eine hundertprozentige Abdeckung möglich.

Alles in allem sollte zur Gesunderhaltung von Hunden eine Beschränkung des Kohlenhydrat- und damit Getreideanteils in der Nahrung stattfinden, weswegen die Ration bei BARF maximal zu 10–15 % aus Getreide besteht.

Bei Hunden, die zu Magendrehungen, Analdrüsenentzündungen und Blähungen neigen sowie bei Tieren mit Gelenkerkrankungen, Krebs, Gastritis, IBD (Inflammatory Bowel Disease, also chronisch-entzündliche Darmentzündungen), IBS (Irritable Bowel Syndrome, also Reizdarmsyndrom), Helicobacter-Infektion, Bauchspeicheldrüsenerkrankungen, Diabetes, Futtermittelunverträglichkeiten und Giardienbefall ist besondere Vorsicht geboten. Oftmals verschlechtert sich der Gesundheitszustand, wenn sich Getreide im Futter befindet.

Zusätze

Eigentlich kommt eine BARF-Ration ohne jegliche Zusätze aus, sofern die Ernährung optimal gestaltet werden kann. Jedoch ist dies meist nicht möglich, weil dann z. B. notwendig ist, auf Fleisch aus Weidehaltung zurückzugreifen, Blut und sämtliche Innereien zu füttern und dem Hund Zugang ins Freie zu verschaffen. Da diese Bedingungen oft in der Praxis nicht erfüllt werden, sind einige wenige Zusätze durchaus sinnvoll.

Prinzipiell wird zwischen
- notwendigen (müssen ggf. ergänzt werden),
- optionalen (können bedenkenlos gefüttert werden) und
- situativen (sollten nur im Spezialfall eingesetzt werden)

Nahrungsergänzungsmitteln unterschieden.

Es ist grundsätzlich nichts gegen optionale und situative Supplemente einzuwenden, jedoch sind viele davon für gesunde Tiere nicht notwendig. Einige davon sind nicht ganz unbedenklich, wenn sie falsch oder zum falschen Zeitpunkt eingesetzt werden. Manche Zusätze lösen auch allergische Reaktionen aus. Es sollte auch stets darauf geachtet werden, dass sich keine überdosierbaren Substanzen in den Präparaten befinden.

Notwendige Zusätze

Öle

Wie bereits beschrieben, sind für Hunde einige ungesättigte Fettsäuren essentiell. Dazu zählen Omega-3- und Omega-6-Fettsäuren, die in einem bestimmten Verhältnis zueinander stehen sollten. In der Natur liefern Beutetiere ausreichende Mengen dieser Fettsäuren in einem günstigen Verhältnis. Jedoch leben diese Beutetiere in ihrer natürlichen Umgebung und nehmen artgerechtes Futter auf, was sich auf die Zusammensetzung des Fetts im Fleisch auswirkt. Fett von Schlachttieren aus Massentierhaltung weist eine weniger gute Fettsäurenzusammensetzung auf: Es ist unnatürlich Omega-6-Fettsäuren-lastig. Somit ist das Verhältnis von Omega-3- zu Omega-6-Fettsäuren ungünstig, denn es beträgt bis zu 1:13,6. Das Fett von Schlachttieren aus Weidehaltung weist eher ein Verhältnis von 1:2,2 auf, enthält also viel mehr Omega-3-Fettsäuren.

Das Problem bei einem unnatürlichen Fettsäurenprofil ist, dass Omega-6-Fettsäuren teilweise entzündungsfördernde Eigenschaften aufweisen, Omega-3-Fettsäuren jedoch entzündungshemmende. Aus diesem Grund ist es wichtig, dass Hunde eine möglichst natürliche Fettsäurenzusammensetzung in ihrer Nahrung vorfinden. Ist es nicht möglich, Fleisch aus Weidehaltung oder von wildlebenden Tieren (auch Fische eignen sich) zu verfüttern, muss ein Ausgleich anderweitig erfolgen.

Bei BARF werden daher Omega-3-Fettsäuren-lastige Öle eingesetzt, um den Mangel an Fettsäuren im „Industriefleisch" auszugleichen. Das trifft unter den Pflanzenölen z. B. auf Leinöl oder Chiasamenöl zu. Diese verfügen über ein Verhältnis von 4:1, liefern also 4-mal so viele Omega-3- wie Omega-6-Fettsäuren. Bei vielen anderen Pflanzenölen ist das Verhältnis umgekehrt und liegt zwischen 1:2 und 1:150 – So verfügen Sonnenblumen-, Distel-, Mandel-, Walnuss-, Traubenkern-, Sesam-, Soja-, Maiskeim- und Erdnussöl beispielsweise über wesentlich mehr Omega-6- als Omega-3-Fettsäuren. Damit haben sie keinen so großen ausgleichenden Nutzen im Hinblick auf die Fettsäurenzusammensetzung der Ration, sondern verschlechtern das Verhältnis noch mehr. Es gibt allerdings einige Öle, wie z. B. Nachtkerzen- oder Borretschöl, die zwar nicht Omega-3-Fettsäuren-überschüssig sind, jedoch von therapeutischer Bedeutung sein können.

Ein Öl, welches sich hervorragend eignet, um dem Hund optimal verwertbare, essenzielle Fettsäuren zuzuführen, ist Fischöl. Es ist zwar mit einem Verhältnis von etwa 1:1,5 nicht Omega-3-Fettsäuren-überschüssig, enthält aber die essentiellen Fettsäuren EPA (Eicosapentaensäure) und DHA (Docosahexaensäure). Dabei handelt es sich um spezielle Omega-3-Fettsäuren, die vom Körper direkt aufgenommen werden können, ohne sie erst aus der α-Linolensäure, die

z. B. in den genannten Pflanzenölen vorkommt, umzuwandeln. Diese Umwandlung ist nämlich äußert ineffizient. Die Umwandlungsraten bei Hunden liegen im niedrigen einstelligen Bereich, das heißt, der Hund kann einige der Fettsäuren aus Pflanzenölen nicht besonders gut verwerten. Daher ist Fischöl besser geeignet als Pflanzenöl, wobei aufgrund der Belastung der Meere mit Schwermetallen und anderen Giften beim Kauf der Öle auf schadstoffgeprüfte Produkte zurückgegriffen werden sollte. Nierenkranke Hunde sollten gar kein Pflanzenöl bekommen, da es sich negativ auf ihren Organismus auszuwirken scheint. Einige Hunde vertragen außerdem kein Leinöl und bekommen Juckreiz.

Die Dosierung von Omega-3-Fettsäuren-lastigen Ölen richtet sich nach der Futtermenge: 1 ml Öl pro 100 g Gesamtfutter täglich sind ausreichend (1 TL ≙ 5 ml), wenn hauptsächlich Fleisch aus konventioneller Haltung gefüttert wird. Die Gabe des Öls muss nicht täglich erfolgen; vor allem, wenn bei kleinen Hunden nur sehr geringe Mengen nötig sind, ist es einfacher, Öl alle drei Tage zu ergänzen.

SCHON GEWUSST?

Wenn Hunde mehrfach ungesättigte Fettsäuren aufnehmen, steigt ihr Vitamin-E-Bedarf deutlich an. Das hat damit zu tun, dass diese Fettsäuren oxidieren (der Prozess nennt sich Lipidperoxidation) und im Körper eine Kettenreaktion auslösen, die Zellschäden verursacht. Diese begünstigen letztendlich gesundheitliche Folgen wie Leber- und Bauchspeicheldrüsenerkrankungen oder Krebs.

Aus diesem Grund ist es wichtig, den eingesetzten Ölen Vitamin E hinzuzufügen und zwar ungefähr 10 IE (→ Internationale Einheiten) pro ml Öl. Das Vitamin E agiert als Antioxidans und ist in der Lage, die Lipidperoxidation zu unterbrechen. Die Ergänzung hat außerdem zur Folge, dass sich die Haltbarkeit des Öls verlängert und es somit nicht so schnell ranzig wird.

Natürliches Vitamin E wird von Hunden übrigens wesentlich besser absorbiert als synthetisches und hat außerdem keine gesundheitsschädlichen Nebenwirkungen. Die natürliche Variante ist an der Bezeichnung RRR-α-Tocopherol zu erkennen.

Die Anreicherung des Öls mit Vitamin E erscheint auf den ersten Blick aufwändiger und komplizierter als sie tatsächlich ist. In der Praxis würde man schlichtweg 2.500 IE bzw. ca. 1,7 g Vitamin E in eine 250 g Öl-Flasche geben. Dafür können im Handel erhältliche Kapseln (z. B. Mowivit) oder Tropfen (z. B. Allcura) verwendet werden. Es gibt auch Öle, die bereits vom Hersteller mit Vitamin E versehen werden (z. B. DHN BARFERS Omega-3-6-9-Öl). Diese müssen nicht ergänzt werden.

Dorsch (-Lebertran)

Dieses Omega-3-Fettsäuren-lastige Öl wird aus der Leber von Seefischen gewonnen und enthält vor allem die Vitamine A und D. Aus diesem Grund kann Lebertran bei Hunden, die keine Leber fressen, diese recht gut ersetzen. Er ist aber bei BARF vor allem aufgrund des hohen Vitamin-D-Gehaltes interessant.

In der Literatur wird kontrovers diskutiert, ob Hunde – wie viele andere Lebewesen auch – Vitamin D mit Hilfe von UV-Strahlung über die Haut selbst synthetisieren (herstellen) können oder vollständig über die Nahrung aufnehmen müssen. Im Grunde muss es möglich sein, dass Hunde Vitamin D selbst bilden können, andernfalls ließe sich nicht erklären, warum Straßenhunde nicht alle samt entsprechende Mangelsymptome aufweisen, denn allein über die Nahrung ist der Bedarf nur schwer zu decken. Fakt ist jedoch, dass ein Hund, der sich hauptsächlich in geschlossenen Räumen aufhält, vermutlich nicht genug Zeit in der Sonne verbringt. Aus diesem Grund kann es sinnvoll sein, bei Wohnungshunden entweder regelmäßig Salzwasserfisch zu füttern oder Lebertran zu substituieren. Bei letzterem muss zwingend auf die Dosierung geachtet werden, da die Vitamine A und D fettlöslich und damit überdosierbar sind. Wird an einem Tag pro Woche an Stelle von Muskelfleisch Vitamin-D-reicher Salzwasserfisch (z. B. Atlantischer Lachs, Sprotten, Hering, Sardinen) gefüttert, so ist eine Ergänzung der Ration mit Lebertran nicht notwendig.

Auch bei Lebertran macht es Sinn, diesen wie auf S. 74 beschrieben, mit Vitamin E zu stabilisieren. Das verlängert die Haltbarkeit. Außerdem handelt es sich auch hierbei um ein Meeresprodukt, weshalb beim Kauf auf schadstoffgeprüfte Qualität geachtet werden sollte.

Dosierung Lebertran:

Tagesfuttermenge	Lebertran pro Woche	Tagesfuttermenge	Lebertran pro Woche	Tagesfuttermenge	Lebertran pro Woche
< 70 g	1–2 ml	< 700 g	9–10 ml	< 1,7 kg	18–20 ml
< 150 g	3–4 ml	< 850 g	10–12 ml	< 2,1 kg	20–22 ml
< 250 g	4–6 ml	< 1,0 kg	12–14 ml	< 2,2 kg	22–23 ml
< 350 g	6–7 ml	< 1,2 kg	14–16 ml	< 2,5 kg	23–26 ml
< 450 g	7–8 ml	< 1,35 kg	16–17 ml	< 2,8 kg	26–28 ml
< 550 g	8–9 ml	< 1,5 kg	17–18 ml	< 3,0 kg	28–29 ml

(1 TL ≙ 5 ml)

Diese Menge berücksichtigt, dass der Hund bereits gewisse Mengen an Vitamin D aufnimmt, weil die BARF-Ration z. B. Leber und Eier enthält. Eine Überversorgung mit den Vitaminen A und D ist mit den in der Übersicht genannten Mengen, auch in Kombination mit Leber- oder Fischfütterung, keinesfalls zu erwarten.

Beispiel: Ein 30 kg schwerer Hund bekommt täglich 600 g Futter. Gemäß der Tabelle benötigt er also 9 g Lebertran pro Woche. Demnach kann der Hund z. B. 2-mal pro Woche einen knappen Teelöffel bekommen.

Seealgen

Seealgen versorgen Hunde hauptsächlich mit Jod. Wild lebende Beutefresser decken ihren Jodbedarf über aufgenommenes Schilddrüsengewebe, in dem ca. 80 % des Jods im Körper des Beutetieres gebunden sind. Bei BARF wird darauf aus Sicherheitsgründen (siehe S. 62) verzichtet. Daher ist es ratsam, Braunalgen wie z. B. Ascophyllum Nodosum zu ergänzen.

Dabei ist unbedingt auf eine korrekte Dosierung zu achten! Jod kann überdosiert werden. Das ist insbesondere bei Zwergrassen (z. B. Chihuahua) von Belang: Da kann ein Fehler in der Dosierung schnell gesundheitliche Schäden nach sich ziehen. Daher ist auch von einer stoßweisen Gabe unbedingt abzusehen. Besser ist, die erforderlichen Mengen auf mindestens zwei Tage pro Woche zu verteilen oder die Wochenmenge im Gemüse-Obst-Mix zu verarbeiten. Die kleinen Mengen sollten genau abgemessen oder gewogen werden.

Es ist wichtig, beim Kauf der Alge auf einen garantiert konstanten und kontrollierten Jodgehalt zu achten. Dies kann beim Hersteller / Anbieter erfragt werden. Außerdem sollte berücksichtigt werden, dass einige Kräutermischungen bereits Seealgen enthalten. Dann muss die Menge entsprechend reduziert werden.

Algen wie Spirulina oder Chlorella ersetzen Ascophyllum Nodosum nicht, denn sie liefern keine nennenswerten Mengen Jod.

Bei Hunden mit einer Schilddrüsenfunktionsstörung sollte die Algengabe mit dem behandelnden Tierarzt abgesprochen werden.

Dosierung Ascophyllum Nodosum (Jodgehalt: 0,05 %):

Tagesfuttermenge	Seealge pro Woche	Tagesfuttermenge	Seealge pro Woche	Tagesfuttermenge	Seealge pro Woche
< 80 g	0,5–1,5 g	< 1,1 kg	7–8 g	< 2,25 kg	13–14 g
< 250 g	2–3 g	< 1,2 kg	8–9 g	< 2,5 kg	14–15 g
< 450 g	3–4 g	< 1,5 kg	9–10 g	< 2,7 kg	15–16 g
< 550 g	4–5 g	< 1,7 kg	10–11 g	< 2,8 kg	16–17 g
< 700 g	5–6 g	< 1,85 kg	11–12 g	< 3,0 kg	17–18 g
< 850 g	6–7 g	< 2,0 kg	12–13 g		

Tipp: Hustensaftlöffel aus der Apotheke (0,5 ml ≙ 0,3 g, 2,5 ml ≙ 1,5 g Seealge)

Beispiel: Ein 30 kg schwerer Hund bekommt täglich 600 g Futter. Gemäß der Tabelle benötigt er also 5 g Ascophyllum Nodosum mit einem Jodgehalt von 0,05 % pro Woche. Demnach kann der Hund 2-mal pro Woche ca. 2,5 g davon bekommen.

Salz

Salz versorgt den Hund mit lebensnotwendigem Natrium-Chlorid. Wild lebende Raubtiere nehmen Salz hauptsächlich über das Blut der Beutetiere auf. Da es häufig nicht möglich ist, ganze Beutetiere samt Blut zu füttern und Schlachttiere meist ausgeblutet erhältlich sind, sollte der Futterplan mit etwas Salz ergänzt werden. 1–2 Prisen Salz pro Woche reichen dabei schon aus.

Das Salz sollte weitestgehend unbehandelt, nicht fluoridiert und nicht jodiert sein. Reines Stein- oder Meersalz eignen sich optimal für die Ergänzung des Futterplans.

Bei der Gabe von Salz ist zu beachten, dass bestimmte Leckerli (z. B. Käse oder Wurst) und natürlich sämtliche Tischreste, die der Hund ggf. erhält, bereits ausreichende Mengen Salz enthalten, sodass der Hund keine zusätzlichen Salzgaben benötigt. Bei Niereninsuffizienz, Calcium-Oxalat-Steinen, Cushing und bestimmten Herzerkrankungen sollte kein Salz ergänzt werden.

Optionale Zusätze

Kräuter

Kräuter kommen in der natürlichen Nahrung von wild lebenden Raubtieren vor und liefern recht große Mengen an Nährstoffen. Diese tragen jedoch aufgrund der geringen Fütterungsmenge nur in sehr beschränktem Maße zur Nährstoffdeckung bei, ersetzen also keinesfalls andere Futterkomponenten. Der Hauptzweck der Fütterung von Kräutern ist die Versorgung des Hundes mit sekundären Pflanzenstoffen. Bestimmte Heilkräuter unterstützen zudem den Organismus bei Krankheiten.

Man kann Kräuter entweder selbst ziehen oder beim Spaziergang sammeln und eine Hand voll direkt im Gemüse-Obst-Mix verarbeiten oder aber fertige Kräutermischungen im Handel kaufen. Bestimmte Heilkräuter sollten darin keinesfalls enthalten sein, wenn der Hund solche nicht krankheitsbedingt benötigt. Die Dosierung erfolgt gemäß Herstellerangabe.

Beispiele für geeignete Kräuter zur Dauergabe:
Alfalfa, Brennnessel, Brunnenkresse, Dill, Giersch, Klee, Löwenzahn, Petersilie, Pfefferminz, Rosmarin, Rotkleeblüten, Salbei, Schafgarbe, Spitzwegerich oder Vogelmiere

Beispiele für Kräuter zur ausschließlich therapeutischen Verwendung:
Beinwell, Mariendistel, Katzenkralle, Teufelskralle, Weidenrinde, Brennesselsamen, Weißdorn, Himbeerblatt, Johanniskraut

Bierhefe

Ein Supplement, welches sich häufig in BARF-Plänen wiederfindet, ist die Bierhefe. Sie ist eigentlich ein Nebenprodukt der Bierherstellung, liefert jedoch einige wertvolle Nährstoffe wie z. B. Kalium, Magnesium, Eisen, Zink, Mangan, Kupfer und verschiedene B-Vitamine, darunter auch Biotin und Folsäure. Hunde, die keine Leber fressen wollen, können über Bierhefe mit wichtigen Vitaminen und Mineralstoffen versorgt werden. Außerdem kann Bierhefe zur Unterstützung des Fellwechsels gefüttert werden. Es ist nicht unbedingt notwendig, dieses Supplement zu füttern. Vorsicht ist bei Allergikern geboten – oftmals reagieren empfindliche Hunde auf Hefe. Hefe ist außerdem purinreich, was bei einigen Erkrankungen (z. B. Leishmaniose, Lebershunt oder einer Neigung zu Uratsteinen) nachteilig sein kann.

Die Dosierung von Bierhefe richtet sich nach der Körpergröße des Hundes. Kleine Hunde erhalten bis zu 1 TL, mittlere Hunde 1 EL und große bis zu 3 EL pro Tag.

Hagebutten

Hagebutten zählen zu den Vitamin-C-reichsten Pflanzen, enthalten große Mengen Magnesium sowie Mangan und liefern außerdem sekundäre Pflanzenstoffe. Obwohl Hunde nicht darauf angewiesen sind, Vitamin C über die Nahrung aufzunehmen (siehe S. 43), kann es sinnvoll sein, die BARF-Ration ab und zu oder kurweise mit Hagebuttenpulver zu ergänzen. Vor allem bei Infektionen oder zur allgemeinen Stärkung des Immunsystems bzw. bei starker körperlicher Belastung (z. B. intensivem Hundesport) kann dieses Nahrungsergänzungsmittel eingesetzt werden.

Die Dosierung von Hagebuttenpulver hängt von der Körpergröße des Hundes ab. Kleine Hunde erhalten etwa 1 TL, mittlere Hunde 1 EL und große bis zu 3 EL pro Tag.

Spirulina

Bei diesem Supplement handelt es sich um eine nährstoffreiche Mikroalge, die nicht nur sämtliche essentielle Aminosäuren, sondern auch sehr viele B-Vitamine sowie Vitamin E, Mineralstoffe (Calcium, Eisen, Magnesium) sowie große Mengen an Antioxidantien enthält. Mit Spirulina kann ab und zu oder kurweise das Immunsystem gestärkt werden. Außerdem können damit allergische Reaktionen reduziert werden.

Die Dosierung von Spirulina wird anhand der Körpergröße des Hundes vorgenommen. Kleine Hunde erhalten etwa ½ TL, mittlere Hunde 1 TL und große bis zu 1 EL pro Tag.

Probiotika

Probiotika sind Nahrungsergänzungsmittel oder Futtermittel, die lebende Mikroorganismen enthalten, z. B. Milchsäurebakterien. Sie dienen zum Aufbau einer gesunden Darmflora, die natürlicherweise mit derartigen Kulturen besiedelt ist. Probiotika können im Rahmen der Umstellung von Fertigfutter auf BARF, nach einer Behandlung mit Antibiotika oder bei immunschwachen Tieren als Kur eingesetzt werden.

Die Dosierung richtet sich nach den Angaben des Herstellers.

Nüsse / Samen

Nüsse bzw. nussähnliche Früchte und Samen (im Folgenden zusammenfassend Nüsse genannt) finden sich eigentlich nicht direkt im natürlichen Futterplan von Fleischfressern wieder, liefern jedoch eine ganze Reihe wertvoller Nährstoffe. Darunter viele B-Vitamine (vor allem B1), die Vitamine A, C, D und vor allem E, Mineralstoffe wie Eisen, Kupfer, Magnesium und Zink und außerdem ungesättigte Fettsäuren. Auch sekundäre Pflanzenstoffe sind enthalten. Nüsse können daher durchaus Eingang im Futterplan finden, wobei zu beachten ist, dass die Mengen nicht zu groß werden sollten, denn Nüsse liefern ebenfalls Phytinsäure, die die Aufnahme von einigen Nährstoffen hemmt.

ACHTUNG! Macadamianüsse, Bittermandeln und Muskatnuss sind bereits in geringen Mengen giftig für Hunde. Gute Qualität ist entscheidend: Nüsse können durchaus aufgrund von falscher Lagerung Mykotoxine (→ Schimmelpilzgifte) enthalten, die gesundheitsschädlich sind. Vorsicht auch bei Studentenfutter: Die enthaltenen Rosinen sind giftig für Hunde!

Man kann bis auf die genannten Sorten alle Arten von Nüssen einsetzen. Besonders wertvoll sind beispielsweise *Paranüsse*, die sehr große Mengen an Selen liefern. Frisst ein Hund z. B. keine Niere, ist eine Ergänzung des Futterplans mit Paranüssen sinnvoll. *Kokosnuss* (z. B. in Flockenform) liefert ebenfalls große Mengen an Selen und hat aufgrund der enthaltenen Biphenyle obendrein noch wurmwidrige Eigenschaften. *Kürbiskerne* weisen aufgrund ihres Cucurbitingehaltes ebenfalls wurmwidrige Eigenschaften auf, unterstützen Rüden, die zu Prostataproblemen neigen und liefern außerdem hohe Mengen an Magnesium, Kalium, Zink und Vitamin E. *Haselnüsse* und *Mandeln* sind sehr gute Vitamin-E-Lieferanten. Sonnenblumenkerne und Sesam liefern jede Menge sekundäre Pflanzenstoffe.

Nüsse können zusammen im Gemüse-Obst-Mix verarbeitet werden. Man kann auch eine Mischung aus verschiedenen Nüssen mahlen, aufbewahren und regelmäßig über das Futter streuen. Kleine Hunde erhalten bis zu 1 TL, mittlere Hunde 1 EL und große bis zu 3 EL pro Tag.

Sprossen und Keimlinge

Sprossengemüse kann eine sinnvolle Ergänzung des Futterplans bei BARF sein, denn Sprossen und Keimlinge liefern wertvolle Nährstoffe, Enzyme und vor allem sekundäre Pflanzenstoffe. Durch den Prozess der Keimung werden sogar einige antinutritive Substanzen wie z. B. die Phytinsäure abgebaut. Sprossen und Keimlinge können ganz einfach zuhause in einem Keimglas oder Sprossenturm gezogen werden. So sind sie stets frisch. Dabei sollte jedoch auf Hygiene geachtet werden, da das feucht-warme Klima, das zum Ziehen der Sprossen benötigt wird, auch für Bakterien wie EHEC sehr günstig ist.

Für Hunde eignen sich z. B. folgende Sprossen: Kresse, Sesam, Sonnenblumen- und Kürbiskerne, Weizen, Hafer, Dinkel sowie Buchweizen und Amaranth.

Auf Hülsenfrüchte sollte verzichtet werden, ebenso wie auf Alfalfa-Sprossen. Letztere enthalten einen gesundheitsschädlichen Stoff namens Canavanin, der erst ab dem achten Tag der Keimung abgebaut wird.

Sprossen und Keimlinge können einfach regelmäßig dem Gemüse-Obst-Mix hinzugefügt und püriert werden.

Situative Zusätze

Es gibt eine ganze Reihe von therapeutischen Supplementen, die nur dann eingesetzt werden sollten, wenn eine entsprechende Erkrankung vorliegt, denn sie können durchaus auch Nebenwirkungen mit sich bringen und sind daher *nicht* zur generellen Dauergabe für jeden Hund gedacht. Da diese Zusätze mit Bedacht eingesetzt werden sollten, ist ihre Verwendung mit einem zertifizierten Ernährungsberater, Tierheilpraktiker oder Tierarzt abzustimmen, weshalb an dieser Stelle lediglich ein Überblick im Sinne einer Nennung gegeben wird.

Beispiele für situative Nahrungsergänzungsmittel:
Chlorella, Chondroitin, Enzyme, Glukosaminglykane, Grünlippmuschelextrakt, Heilerde, Heilkräuter, Heilpilze, Kollagen-Hydrolysat, Kolloidalsilber, MSM (Methylsulfonylmethan), Propolis, Slippery Elm

Es gibt noch eine ganze Reihe weiterer Zusätze dieser Art. Die Liste ist geradezu endlos. Es ist Vorsicht bei Zusätzen mit therapeutischem Nutzen geboten. Denn erstens hilft viel nicht immer viel (jedenfalls nicht dem Hund) und zweitens beeinflussen bestimmte Produkte einander.

Wasser

Natürlich benötigen auch gebarfte Hunde täglich frisches Wasser, auch wenn die Wasseraufnahme für gewöhnlich geringer ist als bei Hunden, die trockenes Futter erhalten. Der tägliche Bedarf hängt von der Umgebungstemperatur und der Aktivität des Hundes ab und schwankt zwischen 5–100 ml pro kg Körpergewicht. Manche Hunde trinken lieber Regenwasser als Leitungswasser. Es spricht nichts dagegen, dass der Hund Regenwasser trinkt, jedoch sollte von Frühling bis Herbst darauf geachtet werden, dass der Hund nicht aus Pfützen oder kleinen stehenden Gewässern (vor allem in der Nähe von Feldern) trinkt. Einerseits können sie mit Spritzmitteln kontaminiert sein, andererseits tummeln sich oft Krankheitserreger wie Leptospiren oder Giardien darin.

WELCHES ZUBEHÖR WIRD BENÖTIGT?

Die Ausstattung, die benötigt wird, um den Hund zu barfen, hängt von den Gegebenheiten ab. Es ist heute leicht möglich, regelmäßig im BARF-Shop um die Ecke in praktischen Portionsbeuteln abgepacktes Fleisch, Innereien, Fett, Knochen und sogar Gemüse zu kaufen, sodass eigentlich nur ein *Futternapf* und einige *Frischhaltedosen* benötigt werden. Das Fleisch kann dann einfach im Kühlschrank gelagert werden. Anfangs ist möglicherweise auch eine *Küchenwaage* sinnvoll – sofern der geübte Hobbykoch nicht ohnehin schon in der Lage ist, Mengen und Gewichte abzuschätzen.

Etwas umfangreicher wird die Ausstattung, wenn das Fleisch im Internet bestellt wird und / oder aus anderen Gründen in größeren Mengen zuhause eingelagert werden soll. Dann wird eine geeignete *Tiefkühlmöglichkeit* benötigt. In der Regel versenden die Online-Shops Pakete mit mind. 10 und max. 28 kg Gewicht. Dafür ist ein Gerät mit ca. 80 l Fassungsvermögen vollkommen ausreichend. Wer keinen Platz in der Wohnung hat, kann seinen Gefrierschrank auch im Keller oder der Garage aufstellen.

Soll das Gemüse selbst püriert werden, so ist außerdem die Anschaffung eines *Standmixers*, *Pürierstabs* oder einer *Küchenmaschine* sinnvoll. Natürlich eignen sich auch *Smoothie Maker* bzw. *Blender*. Da einige Zusätze (z. B. Seealgen) in sehr geringen Mengen dosiert werden, wird gegebenenfalls eine *Fein- oder Löffelwaage* benötigt.

Häufig kommen selbstverständlich auch ein scharfes *Messer*, eventuell ein *Küchenbeil*, ein *Schneidebrett* und *Gefrierbeutel* oder *Tiefkühldosen* zum Einsatz.

In bestimmten Fällen kann außerdem ein *Fleischwolf* hilfreich sein. Das trifft insbesondere dann zu, wenn der Hund altersbedingt oder aufgrund etwaiger Erkrankungen nur gewolftes Fleisch fressen kann oder darf.

WIE ERSTELLT MAN EINEN FUTTERPLAN?

Die meisten Hundehalter stellen es sich unglaublich schwierig vor, einen bedarfsgerechten Futterplan zu erstellen. Dem ist aber nicht so, solange der Hund gesund ist und alle Komponenten verträgt bzw. frisst. Anfangs sind die Informationen sicherlich etwas überwältigend, aber wer das Konzept erst einmal verinnerlicht hat, kann problemlos einen Futterplan für den eigenen Hund erstellen – auch ohne veterinärmedizinisches Studium.

Zur Futterplanerstellung werden eigentlich nur das Gewicht des Hundes und ein Taschenrechner benötigt, falls man kein Freund des Kopfrechnens ist. Es gibt zur Ermittlung der Mengen auch nützliche Rechenhilfen im Internet. Unter www.barf-check.de finden Sie einen BARF-Rechner, der die Berechnung der Futterkomponenten übernimmt.

Die Erstellung eines Futterplans wird in den folgenden Schritten am Beispiel eines 30 kg schweren, unkastrierten Labrador-Rüden namens Jack erläutert. Jack ist drei Jahre alt, lebt mit seinem Besitzer in einer Stadtwohnung ohne Garten, macht täglich zwei ausgedehnte Spaziergänge, aber keinen aktiven Hundesport. Jack hat eine ideale Figur und ist gesund.

Schritt 1 – Futtermenge ermitteln

Die Futtermenge richtet sich bei BARF nach verschiedenen Kriterien und wird als Prozentwert des Körpergewichtes ermittelt. Für die einzelnen Kriterien gibt es Richtwerte, die als Ausgangsbasis dienen. Diese müssen individuell an den Hund angepasst werden.

Die Futtermenge hängt zunächst von der *Größe des Hundes* ab. Kleine Rassen benötigen bezogen auf ihr Körpergewicht oftmals mehr Futter als große Rassen. Daher wird bei kleinen Hunden von 3–4 % des Körpergewichts ausgegangen und bei großen Tieren von 2–3 %. Es wird das Idealgewicht des Hundes angesetzt. Das bedeutet, dass für einen Hund, der 28 kg wiegt, aber 30 kg wiegen sollte, von 30 kg ausgegangen wird. Ebenso verhält es sich mit übergewichtigen Tieren.

Es wird also mit dieser Ausgangsbasis gearbeitet, eine etwaige Anpassung erfolgt dann individuell. Die folgende Tabelle zeigt die verschiedenen Richtwerte.

Ermittlung der Futtermenge

Größentyp	Futtermenge	Beispiel Futtermenge pro Tag
Kleiner Hund	4 %	4 % von 5 kg = 200 g
Mittelgroßer Hund	3 %	3 % von 15 kg = 450 g
Großer Hund	2 %	2 % von 30 kg = 600 g

Entscheidend ist auch der *Aktivitätsgrad*, denn je aktiver ein Tier ist, desto mehr Nährstoffe benötigt es auch.

Außerdem spielt der *Hormonstatus* eines Tieres eine große Rolle. Kastrierte Hunde haben oftmals einen verlangsamten Stoffwechsel, weswegen die Futtermenge reduziert werden muss, damit sie nicht zunehmen.

Um diese Situationen zu berücksichtigen, wird die Futtermenge noch einmal mit einem Faktor multipliziert.

Die folgende Tabelle zeigt die möglichen Fälle und die Faktoren, die angewendet werden müssen, am Beispiel von Labrador Jack.

Faktoren bei der Futterplanberechnung

Aktivitätsgrad / Hormonstatus		Grundfuttermenge	Faktor	Futtermenge
< 2 h			1,0	600 g × 1,0 = 600 g
2–3 h			1,25	600 g × 1,25 = 750 g
3–4 h	Bewegung am Tag	2 % von 30 kg = 600 g	1,5	600 g × 1,5 = 900 g
4–5 h			1,75	600 g × 1,75 = 1,05 kg
5–6 h			2,0	600 g × 2,0 = 1,2 kg
> 6 h			2,5	600 g × 2,5 = 1,5 kg
Kastrierter Hund			0,9	600 g × 0,9 = 540 g

Die Faktoren können auch kombiniert werden. Würde Jack kastriert werden und als Hochleistungssporthund über sechs Stunden am Tag arbeiten, würde seine Grundfuttermenge von 600 g einmal mit dem Faktor 0,9 (für die Kastration) und noch einmal mit dem Faktor 2,5 (> 6 h Bewegung) multipliziert werden: 600 g × 2,5 × 0,9 = 1,35 kg.

Diese Werte sind allesamt nur Richtwerte, die auf den individuellen Hund nicht zwingend zutreffen müssen. Es gibt eben gute und schlechte Futterverwerter. Die Futtermenge muss angepasst werden, wenn der Richtwert dazu führt, dass der Hund in unerwünschtem Maße sein Gewicht verändert. Dabei sollte aber immer der Fettanteil im Fleisch im Auge behalten werden. Wenn ein Hund trotz großer Futtermengen abnimmt oder sehr viel Futter braucht, um sein Gewicht zu halten, liegt das oftmals daran, dass das Futter zu energiearm ist. Mehr dazu finden Sie ab S. 46.

Weitere Faktoren, die die Futtermenge beeinflussen, sind das *Alter* und besondere Lebensumstände wie *Trächtigkeit* oder *Laktation*. Junge Tiere, also Welpen und Junghunde befinden sich im Wachstum und benötigen daher 4–10 % Futter; Senioren hingegen haben wie kastrierte Hunde einen verlangsamten Stoffwechsel, sind häufig recht inaktiv und brauchen daher manchmal nur 1,6 % Futter. Trächtige oder laktierende Hündinnen haben einen viel höheren Futterbedarf. Er kann das 1,5–3-fache der normalen Futtermenge erreichen. Der Futterbedarf muss auch hier individuell angepasst werden. Der Besitzer sollte sein Tier beobachten und die Menge bei unerwünschten Gewichtsveränderungen anpassen. Im Prinzip ist das wie bei der Fütterung mit Fertigfutter – die Angabe auf der Packung passt nicht zwingend zu jedem Hund und muss nachjustiert werden.

EXKURS:
Prozentrechnung

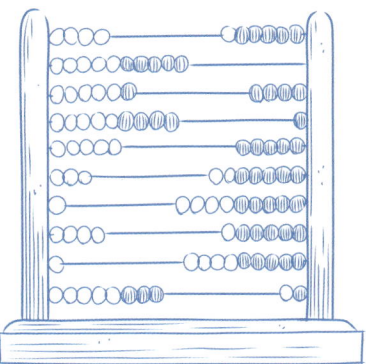

Der Mathe-Unterricht und somit auch die Prozentrechnung liegen für viele schon einige Tage zurück und nicht jeder erinnert sich mit Freude daran. Zur Auffrischung wird daher an dieser Stelle kurz das Vorgehen erklärt. Der Begriff Prozent hat einen lateinischen Ursprung und bedeutet übersetzt „Hundertstel", weswegen die Zahl 100 bei der Prozentrechnung eine große Rolle spielt.

Aufgabe
Es soll berechnet werden, wie viel 2 % von 30 kg sind.

Vorgehensweise A
Man multipliziert den Ausgangswert (Mathematiker nennen das Grundwert), also die 30 kg mit 2 (das ist der Prozentwert): 30 kg mal 2. Das ergibt zunächst 60 kg. Diese 60 kg werden dann durch 100 (deswegen „Hundertstel") geteilt. Das ergibt 0,6 kg, was 600 g entspricht.

$$\text{Menge} = \frac{30 \text{ kg} \times 2}{100} = 0{,}6 \text{ kg} = 600 \text{ g}$$

Vorgehensweise B
Eine andere, verkürzte Herangehensweise multipliziert den Ausgangswert gleich mit 0,02, also 30 kg mal 0,02, was wieder 0,6 kg ergibt und 600 g entspricht. Die 0,02 entstehen, wenn 2 durch 100 geteilt werden (da sind wieder die „Hundertstel").

$$\text{Menge} = 30 \text{ kg} \times 0{,}02 = 0{,}6 \text{ kg} = 600 \text{ g}$$

Sollen 3 % von 30 kg ermittelt werden, würde man dann mit 0,03 multiplizieren, bei 4 % mit 0,04 usw. Das funktioniert natürlich auch bei größeren Prozentwerten: Um 20 % zu ermitteln, wird der Ausgangswert mit 0,2, bei 30 % dann mit 0,3 multipliziert usw.

Schritt 2 – Futterkomponenten ermitteln

Nachdem berechnet wurde, wie viel Futter der Hund bekommen soll, müssen die Futterkomponenten ermittelt werden. Hier muss zunächst entschieden werden, ob der Hund getreidefrei oder mit Getreide ernährt werden soll. Im Anschluss wird die Futtermenge in pflanzliche und tierische Komponenten unterteilt.

Grundkomponentenverteilung in Prozent

Futterkomponenten	BARF ohne Getreide	BARF mit Getreide
Pflanzlich	20 %	30 %
Tierisch	80 %	70 %

Jack bekommt als normal aktiver, unkastrierter Hund mit 30 kg Gewicht also 600 g Futter am Tag. Diese sind dann folgendermaßen aufgeteilt:

Beispiel Grundkomponentenverteilung

Futterkomponenten	BARF ohne Getreide	BARF mit Getreide
Pflanzlich	20 % von 600 g = 120 g	30 % von 600 g = 180 g
Tierisch	80 % von 600 g = 480 g	70 % von 600 g = 420 g

Nun müssen diese Komponenten wieder unterteilt werden, um dem Beutetierprinzip zu folgen und eine angemessene Verteilung der Nährstoffe zu gewährleisten.

Komponentenverteilung in Prozent

Futterkomponenten	BARF ohne Getreide	BARF mit Getreide
Pflanzlich		
Obst	25 %	20 %
Gemüse	75 %	40 %
Getreide (gekocht)	entfällt	40 %
Tierisch		
Muskelfleisch (durchwachsen)	50 %	50 %
Pansen/Blättermagen	20 %	15 %
Innereien	15 %	15 %
RFK	15 %	20 %

Verträgt der Hund aus bestimmten Gründen nur weiche RFK, so muss eine Anpassung an der Aufteilung vorgenommen werden (S. 58):

Komponentenverteilung in Prozent, nur weiche RFK

Futterkomponenten	BARF ohne Getreide	BARF mit Getreide
Pflanzlich		
Obst	25 %	20 %
Gemüse	75 %	40 %
Getreide (gekocht)	entfällt	40 %
Tierisch		
Muskelfleisch (durchwachsen)	50 %	50 %
Pansen/Blättermagen	15 %	10 %
Innereien	15 %	15 %
RFK	20 %	25 %

Soll der Hund Milchprodukte bekommen, so müssen diese beim Muskelfleisch abgezogen werden, die beiden Komponenten ergeben dann insgesamt je 50 %:

Komponentenverteilung mit Milchprodukten in Prozent

Futterkomponenten	BARF ohne Getreide	BARF mit Getreide
Pflanzlich		
Obst	25 %	20 %
Gemüse	75 %	40 %
Getreide (gekocht)	entfällt	40 %
Tierisch		
Muskelfleisch (durchwachsen)	**45 %**	**45 %**
Milchprodukte	**5 %**	**5 %**
Pansen/Blättermagen	20 %	15 %
Innereien	15 %	15 %
RFK	15 %	20 %

Aus Vereinfachungsgründen wird im Folgenden auf Milchprodukte verzichtet und angenommen, dass sowohl weiche als auch harte Knochen vertragen werden. Jack bekommt also 600 g Futter am Tag, die in pflanzliche und tierische Komponenten unterteilt werden. Diese setzen sich dann im Detail folgendermaßen zusammen:

Komponentenverteilung Tagesbasis

Futterkomponenten	BARF ohne Getreide	BARF mit Getreide
Pflanzlich	120 g (bereits ermittelt)	180 g (bereits ermittelt)
Obst	25 % von 120 g = 30 g	20 % von 180 g = 36 g
Gemüse	75 % von 120 g = 90 g	40 % von 180 g = 72 g
Getreide (gekocht)	entfällt	40 % von 180 g = 72 g
Tierisch	480 g (bereits ermittelt)	420 g (bereits ermittelt)
Muskelfleisch (durchwachsen)	50 % von 480 g = 240 g	50 % von 420 g = 210 g
Pansen / Blättermagen	20 % von 480 g = 96 g	15 % von 420 g = 63 g
Innereien	15 % von 480 g = 72 g	15 % von 420 g = 63 g
RFK	15 % von 480 g = 72 g	20 % von 420 g = 84 g

Nachdem man nun die Aufteilung der Tagesfuttermengen vorgenommen hat, werden diese Mengen auf Wochenbasis hochgerechnet, da es nicht notwendig ist, jeden Tag jede Komponente zu verfüttern.

Komponentenverteilung Wochenbasis

Futterkomponenten	BARF ohne Getreide	BARF mit Getreide
Pflanzlich		
Obst	30 g × 7 = 210 g	36 g × 7 = 252 g
Gemüse	90 g × 7 = 630 g	72 g × 7 = 504 g
Getreide (gekocht)	entfällt	72 g × 7 = 504 g
Tierisch		
Muskelfleisch (durchwachsen)	240 g × 7 = 1,68 kg	210 g × 7 = 1,47 kg
Pansen / Blättermagen	96 g × 7 = 672 g	63 g × 7 = 441 g
Innereien	72 g × 7 = 504 g	63 g × 7 = 441 g
RFK	72 g × 7 = 504 g	84 g × 7 = 588 g

Da es weder sinnvoll noch notwendig ist, jede Zutat grammgenau zu füttern, werden die Werte nun noch gerundet. Je größer der Hund ist, desto stärker kann gerundet werden. Bei sehr kleinen Hunden sollte hingegen nicht zu stark auf- oder abgerundet werden. Jack ist ein mittelgroßer Hund, daher kann bei ihm großzügig gerundet werden.

Komponentenverteilung Wochenbasis (gerundet)

Futterkomponenten	BARF ohne Getreide	BARF mit Getreide
Pflanzlich		
Obst	220 g	250 g
Gemüse	630 g	500 g
Getreide (gekocht)	entfällt	500 g
Tierisch		
Muskelfleisch (durchwachsen)	1,7 kg	1,5 kg
Pansen / Blättermagen	700 g	450 g
Innereien	500 g	450 g
RFK	500 g	600 g

Schritt 3 – Festlegung der Zusätze

In diesem Schritt wird festgelegt, welche Zusätze der Hund benötigt. Ab S. 71 wird erläutert, welche Supplemente es gibt, welche notwendig sind und wie sie dosiert werden.

Jack ist ein gesunder Hund, der sich viel in der Wohnung aufhält. Dem Besitzer ist es nicht möglich, ganze Beutetiere zu füttern und das Futter wird in einem BARF-Shop bestellt, in dem es keine Schlachttiere aus Weidehaltung gibt. Als Labrador frisst Jack alles und verschmäht keine der Futterkomponenten.

Jack bekommt daher Seealgen zur Jodversorgung, Lebertran zur Ergänzung von Vitamin D und außerdem ein Omega-3-Fettsäuren-lastiges Öl zum Ausgleich des Fettsäureprofils im Schlachtfleisch.

Die Mengen ergeben sich folgendermaßen. Die Gesamtfuttermenge für Jack beträgt 600 g am Tag. Daraus ergibt sich, dass er pro Woche 5–6 g Seealgen, 10 ml (≙ 2 TL) Lebertran und 7 x 6 ml (≈ 45 ml ≙ 9 TL) Omega-3-Fettsäuren-lastiges Öl bekommt. Jack soll außerdem einmal pro Woche ein Eigelb bekommen.

Schritt 4 – Erstellung des Wochenplans

Nun folgt der letzte Schritt der Futterplanerstellung. Zunächst einmal muss entschieden werden, ob Jack einen Fastentag oder zumindest fleischfreie Tage haben soll. Auf S. 114 werden die Vorteile eines Fastentags erläutert. Es ist jedoch nicht zwingend notwendig, diesen im Futterplan zu integrieren, wenn das nicht gewünscht ist.

Im Anschluss werden die Futterkomponenten relativ gleichmäßig auf die Futtertage verteilt. Es ist bereits klar, dass Jack am Tag etwa 600 g Futter bekommen sollte. Gibt es einen Fastentag, so erhöht sich die Menge auf 700 g, da die gesamte Wochenmenge (600 g × 7 = 4,2 kg) sich auf sechs und nicht sieben Tage verteilt. Die Tagesmenge dient als grobe Orientierung zur Verteilung der Komponenten.

Es ist nicht erforderlich, täglich exakt die Tagesmenge zu füttern. Und wie bereits erwähnt, ist es auch nicht notwendig, dass der Hund täglich alle Komponenten erhält. Jedoch ist es ratsam, die RFK- und die Innereienmenge nicht nur einmal pro Woche zu füttern, da dies Verdauungsprobleme mit sich bringen kann. Außerdem werden nun auch die Zusätze hinzugefügt. Der pflanzliche Anteil wird zur Vereinfachung unter dem Begriff Gemüse-Obst-Mix zusammengefasst. Diese wird idealerweise ein- oder zweimal wöchentlich hergestellt, dabei sollte die korrekte Zusammensetzung beachtet werden. Der Mix kann auch auf Vorrat püriert und eingefroren werden.

Für das konkrete Beispiel Jack wird zunächst eine angemessene Aufteilung gewählt – der Besitzer entscheidet darüber, wie sie erfolgen soll; es ist auch möglich, täglich jede Komponente zu füttern. Die Mengen müssen auch nicht grammgenau verteilt werden, es ist also nicht erforderlich 500 g Innereien pro Woche auf drei Mahlzeiten mit 167 g zu verteilen. Aus Vereinfachungsgründen kann die Menge z. B. in 200 g + 150 g + 150 g zerlegt werden. Jack verträgt das Fasten nicht, daher wird er täglich gefüttert.

Beim Beispiel von Jack wird von folgender Verteilung ausgegangen:

Aufteilung der Futterkomponenten pro Woche

Komponente	Anzahl der Portionen pro Woche	Menge pro Woche (von S. 87)	Menge pro Portion
Innereien	3	500 g	1 x 200 g und 2 x 150 g
RFK	3	500 g	1 x 200 g und 2 x 150 g
Gemüse-Obst-Mix	7	850 g	7 x 120 g
Pansen/Blättermagen	2	700 g	2 x 350 g
Muskelfleisch (durchwachsen)	5	1,7 kg	2 x 400 g und 3 x 300 g
Eigelb	1	1 Stk	1 x 1 Stk
Seealgen (S. 75)	2	5,0 g	2 x 2,5 g
Lebertran (S. 74)	2	10 ml ≙ 2 TL	2 x 1 TL
Öl (S. 72 f.)	3	≈ 45 ml (≙ 9 TL)	≈ 3 x 3 TL

Nun werden diese Portionen so angeordnet, dass sich eine ungefähre Tagesfuttermenge von 600 g ergibt. Im gewählten Beispiel schwankt die Menge zwischen 550 g und 650 g. Natürlich können die Mengen dann auch auf zwei oder drei Mahlzeiten am Tag verteilt werden. Es ist auch möglich, einen fleischfreien Tag in den Futterplan zu integrieren. Dazu würden die tierischen Bestandteile auf sechs Tage verteilt werden und der Gemüse-Obst-Mix so, dass die Tagesration, die am siebten Tag nur aus pflanzlichen Komponenten besteht, nicht zu klein ausfällt.

Dann wird den Komponenten eine bestimmte Sorte zugewiesen, also z. B. für Innereien Rinderleber, Rinderniere und Rindermilz, für Muskelfleisch z. B. Rindfleisch, Lammfleisch und Lachs usw.

Den Gemüse-Obst-Mix stellt der Besitzer aus verschiedenen Sorten Obst und Gemüse einmal pro Woche her und kann eine Hand voll Kräuter wie z. B. Löwenzahn oder Brennnessel (weitere Kräuter: S. 76) dazu geben.

Beispielfutterplan Woche 1

In Woche 1 bekommt Jack als Muskelfleisch hauptsächlich mageres Fleisch vom Rind sowie Lammfleisch. Letzteres verfügt über einen sehr hohen Fettgehalt von etwa 25 %, sodass das Rindfleisch, obwohl es mager ist, nicht extra mit Fett ergänzt werden muss – der Ausgleich findet über die Woche statt. Die Innereienration besteht aus Leber, Niere und Milz. Außerdem gibt es Seealgen und Lebertran.

Wochentag	Menge	Futterkomponente
Montag	200 g	Rinderleber
	350 g	Grüner Pansen
	120 g	Apfel-Zucchini-Möhren-Mix
	2,5 g	Seealgen
Dienstag	150 g	Kalbsbrustbein
	350 g	Grüner Pansen
	120 g	Apfel-Zucchini-Möhren-Mix
	1 TL	Lebertran
Mittwoch	400 g	Rindfleisch (≈ 5 % Fett)
	120 g	Apfel-Zucchini-Möhren-Mix
	1 Stk	Eigelb
	3 TL	Fischöl mit Vitamin E
Donnerstag	150 g	Hühnerhälse
	400 g	Rindfleisch (≈ 5 % Fett)
	120 g	Apfel-Zucchini-Möhren-Mix
	2,5 g	Seealgen
Freitag	150 g	Rinderniere
	300 g	Lammfleisch (≈ 25 % Fett)
	120 g	Apfel-Zucchini-Möhren-Mix
	3 TL	Fischöl mit Vitamin E
Samstag	150 g	Rindermilz
	300 g	Lammfleisch (≈25 % Fett)
	120 g	Apfel-Zucchini-Möhren-Mix
	1 TL	Lebertran
Sonntag	200 g	Putenhals
	300 g	Lammfleisch (≈25 % Fett)
	120 g	Apfel-Zucchini-Möhren-Mix
	3 TL	Fischöl mit Vitamin E

Beispielfutterplan Woche 2

In Woche 2 sollten nicht die gleichen Komponenten gefüttert werden wie in Woche 1. Daher werden die Innereien getauscht, ebenso wie die Fleischsorten und RFK. Außerdem gibt es in dieser Woche für Jack hauptsächlich mageres Fleisch (Hähnchenbrust und Hähnchenmägen), sodass nun, wie ab S. 48 beschrieben, zusätzliches Fett ergänzt wird. Es gibt auch eine Lachs-Mahlzeit, weswegen der Lebertran in dieser Woche entfällt. Auch der Gemüse-Obst-Mix wird verändert.

Wochentag	Menge	Futterkomponente
Montag	200 g	Lammleber
	350 g	Blättermagen
	120 g	Himbeer-Feldsalat-Kürbis-Mix
	2,5 g	Seealgen
Dienstag	150 g	Kalbsbrustbein
	350 g	Blättermagen
	120 g	Himbeer-Feldsalat-Kürbis-Mix
Mittwoch	350 g	Hähnchenbrust (≈ 1 % Fett)
	50 g	Geflügelfett
	120 g	Himbeer-Feldsalat-Kürbis-Mix
	1 Stk	1 Eigelb
	3 TL	Fischöl mit Vitamin E
Donnerstag	150 g	Hühnerhälse
	350 g	Hähnchenmägen (≈ 2 % Fett)
	50 g	Geflügelfett
	120 g	Himbeer-Feldsalat-Kürbis-Mix
	2,5 g	Seealgen
Freitag	150 g	Hähnchenherzen
	250 g	Hähnchenmägen (≈ 2 % Fett)
	50 g	Geflügelfett
	120 g	Himbeer-Feldsalat-Kürbis-Mix
	3 TL	Fischöl mit Vitamin E
Samstag	150 g	Rinderlunge
	300 g	Rindfleisch (≈15 % Fett)
	120 g	Himbeer-Feldsalat-Kürbis-Mix
Sonntag	200 g	Putenhals
	300 g	Lachs (≈15 % Fett)
	120 g	Himbeer-Feldsalat-Kürbis-Mix
	3 TL	Fischöl mit Vitamin E

Alternative zum Wochenplan

Bei sehr kleinen Hunden ist es aufgrund der geringen Futtermengen oft sehr aufwendig, einen Wochenplan umzusetzen. Beispielsweise beträgt die RFK-Menge für einen 5-kg-Hund etwa 18 g am Tag. Bei so kleinen Mengen kann dann auch nicht großzügig gerundet werden, sodass es wenig praktikabel ist, auf Tagesbasis zu füttern. Um den Aufwand der Fütterung zu reduzieren, kann daher ein Komplettfutter angefertigt werden, welches in einzelne Tagesportionen geteilt und eingefroren wird. Die Zusammensetzung entspricht genau der Aufteilung, die in Schritt 2 beschrieben wurde, jedoch werden größere Mengen z. B. 5 kg auf einmal zubereitet. Der Hund erhält dann täglich die Menge, die in Schritt 1 ermittelt wurde. Von dieser Menge hängt dann natürlich auch ab, für wie viele Tage das Futter reicht, sodass die Mengen an Zusätzen ermittelt und hinzugefügt werden können. Auch beim Komplettfutter muss beachten werden, dass bei zu magerem Fleisch Fett zu ergänzen ist (S. 48).

Ein Komplettfutter für einen 5 kg schweren Hund könnte wie folgt aussehen:

Futterzusammensetzung Komplettfutter, 5 kg

Menge	Futterkomponente
1,8 kg	Rindfleisch (≈ 5 % Fett)
200 g	Rinderfett
600 g	Grüner Pansen
240 g	Rinderleber
180 g	Rinderniere
180 g	Rindermilz
800 g	Hühnerhälse und Rinderbrustbein, gewolft
1 kg	Möhren-Apfel-Rucola-Mix
3 Stk	Eigelb
8 g	Seealgen
50 ml	Fischöl mit Vitamin E
3 TL	Lebertran

Die Ermittlung der Zusätze ergibt sich folgendermaßen. Für einen 5-kg-Hund würde im Schnitt eine Tagesfuttermenge von 150 g angesetzt werden. Demnach reichen 5 kg Komplettfutter für ca. vier Wochen. Aus der Tagesfuttermenge von 150 g ergibt sich eine Seealgenmenge von ca. 2 g pro Woche und eine Lebertranmenge von 4 ml. Diese Werte multipliziert man nun mit der Anzahl der Wochen, für die das Futter ausreichen soll. Die Ölmenge ergibt sich aus der Futtermenge (1 ml je 100 g → 50 ml je 5.000 g).

Bei der Zubereitung des Komplettfutters sollten Fleisch, Pansen und die Innereien mundgerechte Stücke aufweisen, die Knochen sollten gewolft werden und alles mit dem Gemüse-Obst-Mix und den Zusätzen gut vermengt werden.

Wichtig ist, dass vor allem die Zusätze gut über das gesamte Futter verteilt werden. Dazu kann zunächst einmal das Eigelb, der Lebertran und das Öl mit den Algen vermischt werden oder gleich zusammen mit dem Gemüse und dem Obst püriert werden, um diese „Soße" dann mit den tierischen Komponenten zu vermengen.

Das Komplettfutter muss regelmäßig in seinen Bestandteilen variiert werden, sodass Abwechslung entsteht. Es kann sinnvoll sein, zwei Sorten Komplettfutter herzustellen und diese abwechselnd zu füttern. Zwischendurch können auch „Beutetiertage" eingebaut und z. B. eine ganze Wachtel gefüttert werden. Im Anschluss wird die Masse in Tagesportionen aufgeteilt und eingefroren. Es ist unproblematisch, auch die Zusätze mit einzufrieren. Ebenso stellt das vorherige Auftauen der tierischen Komponenten und das abermalige Einfrieren kein Problem dar.

Um einen Futterplan im Sinne eines Komplettfutters zu berechnen, gibt es ebenso nützliche Hilfen. Auf der Internetseite www.barf-check.de ist ein BARF-Rechner zu finden, der eine komplette Rationsberechnung ermöglicht.

WAS IST BEI DER FÜTTERUNG VON WELPEN ZU BEACHTEN?

Da sich dieses Buch an Hundehalter im Allgemeinen richtet, wird an dieser Stelle auf die Ernährung von Welpen ab dem Zeitpunkt der Abgabe im Alter von neun oder zehn Wochen eingegangen. Zur Fütterung von Saug- und Absatzwelpen sowie Zuchthündinnen mit BARF steht anderweitige Literatur zur Verfügung (z. B. Swanie Simon: *BARF Biologisch Artgerechtes Rohes Futter für Welpen und trächtige Hündinnen*).

Gerade für Welpen ist artgerechtes Futter wichtig

Bei der Fütterung von heranwachsenden Hunden mit BARF gibt es sehr viele Unsicherheiten und weit mehr als bei erwachsenen Tieren. Immer wieder hört man das Argument, dass Welpenbesitzer „sicherheitshalber" Fertigfutter geben, bis der Hund ausgewachsen ist, um dann auf BARF umzustellen. Dieser Schluss wird leider fälschlicherweise gezogen, denn gerade im Wachstum ist es wichtig, den Hund mit hochwertigem und vor allem natürlichem Futter zu versorgen. Sonst wird bereits im Welpenalter der Grundstein für mögliche Futtermittelallergien und andere Erkrankungen gelegt.

Welpen bilden nach dem Absetzen der Muttermilch die so genannte orale Toleranz aus, also eine Toleranz der Darmschleimhaut gegenüber Nahrungsmitteln. Das heißt, dass der Hundekörper „lernen" muss, welche Stoffe im Körper potenziell ungefährlich (Nahrung) und welche gefährlich (Allergene) sind. Bei letzteren erfolgt eine entsprechende Abwehrantwort des Körpers.

Dieser Vorgang kann gestört werden, wenn der Welpe sofort nach dem Absetzen mit Fertigfutter konfrontiert wird, welches in jedem einzelnen Brocken eine Vielzahl von Inhaltsstoffen aufweist und zudem noch potenziell allergieauslösende Zusatzstoffe enthalten kann.

Gerade Hunde unter einem Jahr sind gefährdet, eine Futtermittelunverträglichkeit zu entwickeln. Ein weiterer Risikofaktor ist außerdem die Fütterung schwerverdaulicher Proteine (z. B. pflanzliche Proteine, Proteine aus bindegewebsreichen Schlachtabfällen). Diese sind auch unabhängig von der Entstehung von Krankheiten negativ für heranwachsende Hunde. Wie ab S. 38 beschrieben, gelten Proteine dann also als hochwertig, wenn sie dem Gewebe im Körper, das gebildet werden soll, sehr ähnlich sind. Während des Wachstums wird sehr viel Gewebe neu gebildet und selbstverständlich sind Proteine aus Muskelfleisch dem Gewebe im Welpenkörper ähnlicher als Proteine aus Weizengluten.

Somit haben Welpen ein Problem, wenn sie mit Fertigfutter ernährt werden, denn darin befinden sich oftmals keine hochwertigen Proteine und aufgrund der teilweise fragwürdigen Inhaltsstoffe kann die Ausbildung der oralen Toleranz gestört werden.

Zudem nehmen Hunde mit Fertigfutter meist große Mengen an Stärke auf. Auch Welpentrockenfutter besteht häufig zu 50 % aus Kohlenhydraten. Welpen verfügen aber über eine eingeschränkte Fähigkeit, Stärke überhaupt zu verdauen. Erst im Alter von drei bis vier Monaten erreichen sie das gleiche Niveau wie erwachsene Hunde. Die großen Kohlenhydratmengen führen mitunter außerdem dazu, dass große Mengen an Störstoffen (wie z. B. Phytinsäure) zugeführt werden, die die Aufnahme wichtiger Nährstoffe wie Calcium hemmen. Das kann gerade im Wachstum nachteilig sein. Aus diesen Gründen ist es für einen gesunden Start ins Leben wichtig, dass naturbelassene, hochwertige Nahrung angeboten wird.

Nährstoffbedarf von Welpen

Da sich im Wachstum etwaige Fütterungsfehler aber wesentlich stärker auswirken als bei erwachsenen Tieren und es zu Missbildungen und dauerhaften Schäden kommen kann, ist eine gewissenhafte Konzeption der Ration unabdingbar.

Das bedeutet aber nicht, dass der Futterplan plötzlich mit Bedarfswerten und Nährwerttabellen erstellt werden muss. In der Natur bekommen Tierkinder – nachdem sie ggf. von der Muttermilch abgesetzt wurden – das gleiche Futter wie die erwachsenen Tiere auch. Sie haben natürlich einen erhöhten Bedarf, der aber ganz einfach über eine relativ gesehen höhere Futtermenge gedeckt wird. Ein 10-kg-Welpe bekommt durchaus die gleiche Menge Futter wie ein ausgewachsener 30-kg-Hund. Damit nimmt er pro kg Körpergewicht natürlich die dreifache Menge an sämtlichen Nährstoffen auf – und zwar nicht nur an Calcium.

Den Bedarf anderweitig zu ermitteln, würde sich ohnehin als schwierig erweisen, denn für gebarfte Hunde stehen keine angepassten Bedarfswerte zur Verfügung (S. 24). Die geltenden wissenschaftlichen Bedarfswerte sind mit natürlichen Nahrungsmitteln nicht erreichbar. Soll z. B. der für mit Fertigfutter ernährte Welpen festgelegte Calciumbedarf eines 10-kg-Welpen (Endgewicht 40 kg) mit BARF gedeckt werden, so müsste die Gesamtfuttermenge von 600 g am Tag, ca. 350 g Hühnerhälse enthalten. Das entspricht einem kleinen Beutetier, das zu 70 % aus RFK besteht. Ein solches Beutetier existiert nicht. Bei derartigen Knochenmengen würden außerdem andere Komponenten aus dem Plan verdrängt werden, z. B. Muskelfleisch und Innereien, die zur Nährstoffversorgung ebenso wichtig sind wie RFK. Abgesehen davon, bekämen die meisten Welpen vermutlich bei so großen Mengen Knochenkot.

Unter Berücksichtigung der wissenschaftlichen Bedarfswerte ist es also faktisch nicht möglich, einen Welpen ohne Mineralstoffpräparate aufzuziehen. Die Geschichte zeigt, dass das nicht möglich sein kann, denn im Gegensatz zu Ergänzungsfuttermitteln gibt es (auch großwüchsige) Hunde schon seit Tausenden von Jahren. Abgesehen davon ist wissenschaftlich erwiesen, dass eher ein Energieüberschuss im Futter sowie ein *zu hoher* Gehalt an Calcium in der Nahrung die Auslöser für Entwicklungsstörungen des Skeletts im Wachstum sind. In der Wildnis können Raubtiere – auch großwüchsige Exemplare – nur so viel Knochen und damit Calcium aufnehmen wie im Beutetier verfügbar ist. Beutetiere bestehen nämlich nur zu 7,5–10 % aus Knochen, nicht zu 35 %.

Aus diesem Grund muss auch bei heranwachsenden Hunden das Beutetierkonzept angewendet werden. Die Ration für Welpen unterscheidet sich nur geringfügig von jener für erwachsene Hunde.

Anpassungen am Futterplan

Aufgrund der genannten Fakten ist ein Futterplan für einen Welpen fast genauso aufgebaut wie für erwachsene Hunde. Der größte Unterschied besteht bei der Futtermenge. Für wachsende Hunde gilt als Richtwert eine Futtermenge von 4–8 %. Manche Welpen benötigen (phasenweise) etwas mehr Futter, sodass sich Werte von bis zu 10 % Futtermenge ergeben können – es ist nur eine Richtgröße, die den individuellen Gegebenheiten anzupassen ist.

Außerdem vertragen viele Welpen keine harten Knochen, sodass nur weiche Knochen (z. B. Hühnerkarkassen) eingesetzt werden können. Das führt dazu, dass *in solchen Fällen* der RFK-Anteil auf 20 % angehoben wird (S. 58), denn der übliche 15 %-Wert für erwachsene Hunde bezieht sich auf gemischte RFK, also sowohl weiche als auch harte.

Ein weiterer Unterschied ist, dass Welpen bis zur 16. Lebenswoche aufgrund der bereits erwähnten, eingeschränkten Fähigkeit, Stärke zu verdauen, weitgehend getreidefrei ernährt werden sollten. Getreide wird nur gegeben, um eine orale Toleranz gegenüber solchen Futtermitteln aufzubauen, daher ist der Anteil bei BARF mit Getreide geringer als bei erwachsenen Hunden.

Demnach ergibt sich folgende Verteilung (Unterschiede zu erwachsenen Hunden wurden mit * gekennzeichnet):

Aufteilung der Futterkomponenten für Welpen ohne Welpenbrei, nur weiche RFK

Futterkomponenten	BARF ohne Getreide	BARF mit Getreide
Futtermenge am Tag	4–8 % *	4–8 % *
Pflanzlich	20 %	20 % *
Obst	25 %	20 %
Gemüse	75 %	75 %
Getreide (gekocht)	entfällt	5 % *
Tierisch	80 %	80 %
Muskelfleisch (durchwachsen)	50 %	50 %
Pansen / Blättermagen	15 % *	15 % *
Innereien	15 %	15 %
RFK	20 % *	20 % *

Manche Züchter geben ihren Welpen während der Entwöhnung von der Muttermilch neben Fleisch, Innereien und Knochen auch den sogenannten Welpenbrei. Dieser besteht aus Ziegenmilch, eingeweichten Getreideflocken, Fischöl sowie Slippery Elm und ggf. etwas Honig. Die Mischung wird über Nacht eingeweicht und dann in der Regel als eine der in diesem Alter üblichen vier Mahlzeiten gefüttert. Der Sinn dieses Breis ist die Entwicklung der oralen Toleranz gegenüber diesen Futtermitteln, weil der erwachsene Hund damit später vermutlich ohnehin in Berührung kommen wird und es von Vorteil ist, wenn der Körper diese Dinge als Nahrungsmittel erkennt und nicht als Allergene.

Der Welpenbrei wird in der Regel bis zur 16. Lebenswoche gegeben. Der Halter muss selbst entscheiden, ob der Brei (weiter) gefüttert werden soll oder nicht. Die meisten Welpen mögen den Brei aber sehr gern.

Je nachdem, ob der Brei mit oder ohne Getreide gefüttert wird, ergibt sich folgende Verteilung (Unterschiede zu erwachsenen Hunden mit * gekennzeichnet):

Aufteilung der Futterkomponenten für Welpen mit Welpenbrei, nur weiche RFK

Futterkomponenten	BARF ohne Getreide	BARF mit Getreide
Futtermenge am Tag	4–8 %	4–8 %
Pflanzlich	20 %	20 %
Obst	25 %	20 %
Gemüse	75 %	75 %
Getreide (gekocht)	entfällt	5 % *
Tierisch	80 %	80 %
Muskelfleisch (durchwachsen)	50 %	45 %
Ziegenmilch	entfällt	5 %
Pansen / Blättermagen	15 %	15 %
Innereien	15 %	15 %
RFK	20 %	20 %

Welpen sollen außerdem nicht fasten und werden in der Regel 3- bis 4-mal am Tag gefüttert. Die Umstellung von vier auf drei Mahlzeiten erfolgt für gewöhnlich mit dem Absetzen des Welpenbreis in Woche 16. Ab diesem Zeitpunkt kann dann auch der erhöhte Getreideanteil aus dem Plan für erwachsene Hunde übernommen werden (S. 86) – nur ist die Gesamtfuttermenge noch immer höher. Im Alter von sechs Monaten wird dann auf zwei Mahlzeiten reduziert und ab einem Alter von zwölf Monaten kann eine einmalige Fütterung erfolgen. Ab diesem Zeitpunkt kann auch ein Fastentag eingeführt werden. Ansonsten wird der Futterplan für Welpen genau so aufgestellt wie ab S. 84 beschrieben.

Auch bezüglich der Zusätze (Öl, Lebertran, Seealgen) gelten die gleichen Mengenwerte wie auf den Seiten 72, 74 und 75 beschrieben. Dadurch, dass diese sich nach der Futtermenge richten und nicht auf Basis des Körpergewichts ermittelt werden, wird der erhöhte Bedarf von Welpen gegenüber erwachsenen Tieren mit der höheren Futtermenge berücksichtigt.

Soll der Welpe keine Knochen bekommen, so muss zwingend ein Supplement eingesetzt werden. Zur Ermittlung der Menge eignet sich die Formel auf S. 60 f. Sie spiegelt die Fütterung gemischter Knochen (also harte und weiche RFK) im Sinne des Beutetierkonzeptes wider, weswegen hier keine Erhöhung der Menge vorzunehmen ist. Auch berücksichtigt sie die höheren Bedarfswerte von Welpen, weil sie sich ebenfalls nach der Futtermenge richtet.

Annäherung an die Futtermenge

Wenn ein Welpe bereits beim Züchter gebarft wurde (das ist der Idealfall für eine gesunde Entwicklung), so kann die Futtermenge einfach übernommen und im Laufe der Zeit reduziert werden. Hat der Hund bisher Fertigfutter bekommen, würde man zunächst mit 6 % Futter als Ausgangsbasis starten und beobachten, wie der Hund sich entwickelt.

Es sollte eine rassetypische Gewichtszunahme stattfinden (fragen Sie Ihren Züchter danach), wobei der Welpe jedoch stets schlank gehalten werden sollte. Das bedeutet, dass Rippen und Becken gut tastbar sein müssen, ohne sichtbar herauszustehen. Es ist nicht notwendig, Welpen großzuhungern, aber eine zu hohe Futtermenge beschleunigt das Wachstum des Welpen, was gerade im Hinblick auf Erkrankungen des Bewegungsapparates unerwünscht ist. Rundliche Welpen mögen süß sein, aber der Hund zahlt am Ende den Preis dafür, denn Übergewicht wirkt sich im Allgemeinen negativ auf die Gesundheit aus (S. 123). Gerade im Wachstum ist das ausgesprochen kontraproduktiv. Nimmt der Hund nicht rassetypisch zu, muss die Futtermenge erhöht werden; bei einer zu starken Zunahme wird sie gesenkt.

Die Futtermenge muss im Laufe des Wachstums angepasst werden. Leider gibt es dazu keine allgemeingültigen Vorgaben. Die Wachstumsgeschwindigkeit nimmt von Woche zu Woche ab. Im Alter von sechs Monaten sind kleine Hunderassen nahezu ausgewachsen. Auch großwüchsige Tiere haben zu diesem Zeitpunkt mehr als zwei Drittel des Höhenwachstums abgeschlossen. Daher wird die Futtermenge in der Regel nach dem sechsten Lebensmonat schrittweise auf 3–5 % reduziert. Eine weitere Reduktion erfolgt dann nach und nach, bis der Hund ausgewachsen ist und seine endgültige Futtermenge erreicht, die er vermutlich für einige Jahre behalten wird.

Wachstumskurve der Rassegrößen

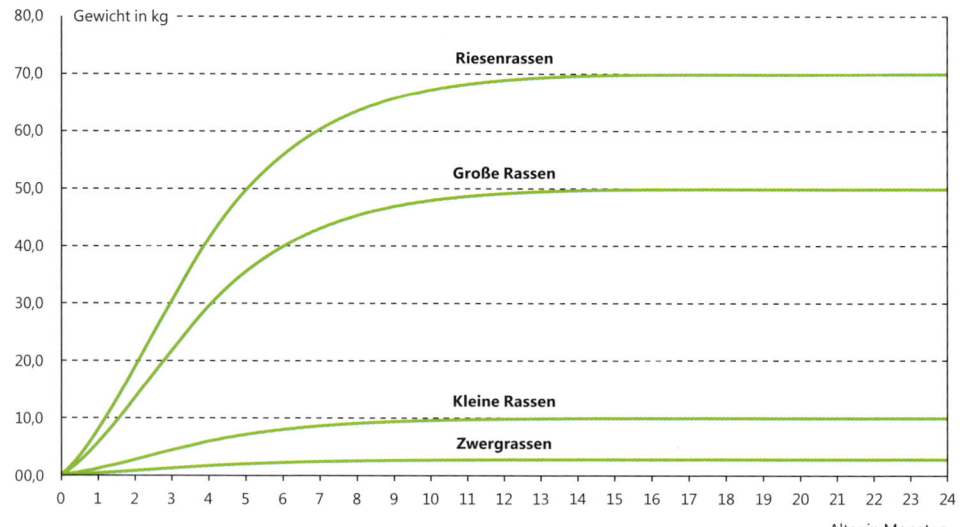

WIE STELLT MAN DEN HUND AUF BARF UM?

Eine Ernährungsumstellung stellt für den Körper immer eine gewisse Herausforderung dar, denn die Verdauungsprozesse stellen sich über die Zeit hinweg auf eine bestimmte Nahrung ein. Soll der Hund von Fertigfutter auf BARF umgestellt werden, so gibt es einige Dinge zu beachten. Je mehr sich das alte Futter vom neuen Futter unterscheidet und je länger der Hund ein bestimmtes Futter zu sich genommen hat, desto schwieriger ist es für den Körper, sich an die neue Nahrung zu gewöhnen.

Wieso ist das überhaupt ein Problem?

Der für den Hundekörper schwierigste Wechsel ist die Umstellung von Trockenfutter auf BARF, weil diese Fütterungsarten derart unterschiedlich sind, dass der Körper die Verdauungsprozesse an eine völlig neue Nahrung anpassen muss. Dies kann in der Umstellungsphase zu Durchfall, Verstopfung, Schleim im Kot oder Erbrechen führen.

Das hat unter anderem folgende Gründe: Die Zusammensetzung (> 50 % Kohlenhydrate) und Konsistenz des Futters wirkt sich hemmend auf die Magensäureproduktion des Hundes aus. Diese ist jedoch für die Fleisch- und Knochenverdauung wichtig. Außerdem benötigt der Hund zur Verdauung der Kohlenhydrate andere Enzyme als zur Verdauung von Eiweißen oder Fetten. Demzufolge muss die Bauchspeicheldrüse einige Enzyme vermehrt, andere vermindert produzieren. Hinzu kommt, dass sich die bakterielle Zusammensetzung der s. g. Darmflora durch die Gabe von Fertigfutter verändert.

Was muss bei der Umstellung beachtet werden?

Je länger ein Hund Fertigfutter bekommen hat und je älter er ist, desto anstrengender ist die Umstellung für den Körper, denn dieser stellt sich mit der Zeit auf eine bestimmte Nahrung ein. Daher sollte dem Körper die Möglichkeit gegeben werden, sich in individueller Geschwindigkeit an die neue Nahrung zu gewöhnen. Es ist daher ratsam, Schritt für Schritt vorzugehen und dem Hund nicht sofort von einem Tag auf den anderen eine vollständige BARF-Ration anzubieten. Vor allem die Knochenfütterung ist eine spezielle Sache, an die der Hund langsam herangeführt werden muss.

Im Klartext heißt das, dass der Hund Komponente für Komponente über mehrere Tage hinweg an das neue Futter gewöhnt werden sollte. Viele Hundehalter haben an dieser Stelle Angst, dass der Hund sofort Mangelerscheinungen erleidet. Die Bedenken sind jedoch unbegründet. Nährstoffmängel entstehen erst über längere Zeiträume.

Wie geht man vor?

Es gibt sicherlich mehrere Wege, einen Hund an ein neues Futter zu gewöhnen. Viele Tierärzte empfehlen das Ausschleichen des alten und Einschleichen des neuen Futters, indem die beiden Futtersorten gemischt und Tag für Tag die Anteile verschoben werden. Für die Umstellung auf BARF ist diese Vorgehensweise jedoch nicht unbedingt zu empfehlen, was eben mit der extrem unterschiedlichen Zusammensetzung begründet werden kann. Eine Mischung beider Futtersorten kann Verdauungsstörungen verursachen. Daher bietet sich die folgende Art der Umstellung an. Klappt ein Schritt noch nicht, geht man einfach einen zurück:

Schritt 1
Es empfiehlt sich, den Hund zunächst 24 h lang fasten zu lassen, um den Verdauungstrakt vom Fertigfutter zu befreien und den Hund außerdem hungrig werden zu lassen. Viele Hunde sind anfangs skeptisch, denn rohes Fleisch riecht nicht so intensiv wie Fertigfutter und weist eine andere Konsistenz auf.

Welpen sollten nicht so lange fasten, für sie reicht aufgrund der Kürze der Fertigfütterung meist das Auslassen einer einzigen Mahlzeit.

Schritt 2
Nach dem Kurzfasten erhält der Hund die erste rohe Mahlzeit. Diese besteht aus einer Muskelfleischsorte (hier ist Rind oder Lamm zu favorisieren, denn Geflügel oder gar Fisch mögen viele Hunde nicht sofort) und einer Gemüsesorte z. B. Karotte. Der Fettgehalt des Fleisches sollte mit max. 10 % vorerst nicht zu hoch sein, um die Bauchspeicheldrüse des Hundes nicht zu überlasten. Die Futtermenge orientiert sich an der Gesamtration. Das heißt, ein Hund, der mit 2 % Futtermenge startet und 30 kg wiegt, bekommt an Tag 1 ca. 480 g Rindfleisch und 120 g Karottenmus. Es werden also mengenmäßig die tierischen Komponenten der BARF-Ration zusammengefasst und nur in Form von Muskelfleisch gefüttert. Pansen, Innereien und Knochen werden erst einmal weggelassen, ebenso wie die Zusätze.

Möglicherweise verweigert der Hund das neue Futter. In dem Fall kann ein Anbraten, Überbrühen oder Vermischen der Mahlzeit mit etwas hochwertigem Nassfutter die Akzeptanz steigern. Dieses Vorgehen wird im Anschluss nach und nach ausgeschlichen, sodass das Fleisch immer kürzer angebraten oder überbrüht wird, bis es letztendlich roh gefüttert werden kann. Nach der Fütterung wird das Wohlbefinden des Hundes beobachtet. Übergibt er sich? Wie sieht der Kot aus? Es kann durchaus sein, dass der Kot weicher ist als sonst oder eben nicht mehr so „einfarbig und gleichmäßig". Das ist normal. Solange der Hund keinen richtigen Durchfall (sehr häufiger Absatz wässrigen Kotes) oder keine Verstopfung hat, besteht keine Gefahr.

Schritt 3a
Hat der Hund keinerlei Probleme und völlig normalen oder nur etwas weichen Kot, kann bereits am nächsten Tag eine neue Fleischzutat ausprobiert werden. Man mischt also z. B. zum Rindfleisch etwas Pansen dazu. Die Ration sieht dann für einen 30 kg schweren Hund an dem Tag so aus: 240 g Rindfleisch, 240 g Rinderpansen und 120 g Karottenmus. In den meisten Fällen erfolgt dieser Schritt vollkommen problemlos. Es kann auch schon eine zweite vegetarische Zutat bereitgestellt werden, z. B. Zucchini oder Apfel.

Ggf. Schritt 3b
Hatte der Hund nach Schritt 2 Durchfall, sollte das Fleisch überbrüht und die Karotten sehr lange gekocht werden bis sie matschig sind. Ein 30 kg schwerer Hund würde dann abermals ca. 480 g Rindfleisch und 120 g Karottenmus (gekocht, erkaltet) bekommen. Funktioniert das, kann erneut mit Schritt 3a fortgefahren werden.

Schritt 4
Hat sich der Hund erfolgreich an Muskelfleisch, Pansen und Karotte (und evtl. anderes Gemüse / Obst) gewöhnt, werden Innereien wie Leber, Niere oder Milz in den Plan aufgenommen. Die Menge sollte vorerst gering gehalten werden. Erstens bekommen viele Hunde von zu vielen Innereien Durchfall und zweitens mögen manche Hunde diese Komponenten aufgrund der Konsistenz und des Geruchs ohnehin nicht sofort. Auch in diesem Fall hilft Anbraten oder Vermischen mit dem Fleisch.

Ein 30-kg-Hund bekäme also 400 g Rindfleisch, 80 g Rinderleber und 120 g Karottenmus. Diese Konstellation sollte dann über einige Tage beibehalten werden. Nun können auch schon die Innereien variiert und an Stelle von Leber Niere gefüttert werden.

Schritt 5
Hat der Hund auch den 4. Schritt ohne Probleme überstanden, folgt die Gewöhnung an die Knochenfütterung. Es wird immer erst mit weichen Knochen wie Hühnerhälsen, Hühnerflügeln oder Hühnerkarkassen begonnen. Unter keinen Umständen sollten harte Knochen wie Ochsenschwanz oder Rindfleischknochen verwendet werden!

Es empfiehlt sich, dem Hund zunächst eine sehr geringe Menge Knochen zu geben, denn es besteht das Risiko, dass der Hund sonst Knochenkot oder gar eine Verstopfung bekommt. Die Knochen sollten außerdem mit einer Fleischportion kombiniert werden, denn Fleisch regt die Magensäureproduktion an, während Knochen sie hemmt.

Einem 30 kg schweren Hund würde man also z. B. 400 g Rindfleisch, 120 g Gemüse-Obst-Mix und dazu einen Hühnerhals geben. Für kleinere Hunde können diese weichen Knochen mit einer Geflügelschere zerschnitten und nur zu einen Teil geben werden. Ist der Hund bereits als „Schlinger" bekannt, empfehlen sich gewolfte Knochen. Auch diese Menge sollte natürlich gering sein.

Schritt 6
Am Tag nach der ersten Knochengabe sollte der Kot des Hundes genau im Auge behalten werden. Aufgrund der kleinen Menge sollte es keine Probleme geben, aber es gibt Hunde, die schon auf die geringsten Knochenmengen mit Knochenkot reagieren. In diesem Fall sollten Knochen zunächst gänzlich durch Knochenmehl ersetzt und dem Hund noch etwas Zeit für die Umstellung geben werden. Einige Wochen später kann man es erneut versuchen. Gab es keine Probleme, erhöht man am Tag darauf die Knochenmenge. Nach zwei Wochen können dann auch härtere Knochensorten ausprobiert werden – auch hier geht man vorsichtig vor und startet mit kleinen Mengen.

Schritt 7
Nun ist der größte Teil der Umstellung vollzogen. Jetzt kann dazu übergegangen werden, verschiedene Fleischsorten zu füttern, die Fettmenge im Futter langsam und schrittweise zu erhöhen, und auch Kräuter/Algen und Öle oder Eier und Milchprodukte zu geben. Auch bei den Zusätzen sollte man sich langsam herantasten und nicht sofort sämtliche Dinge, die es am Markt zu kaufen gibt, einsetzen. Abgesehen davon, dass das einfach nicht nötig ist, gilt: Manchmal ist weniger einfach mehr. Über diese Vorgehensweise arbeitet man sich langsam an den endgültigen Futterplan heran, bis dieser vollständig ist. Hat der Hund mit einer neuen Zutat Probleme, geht man einfach einen Schritt zurück oder lässt diese Zutat gänzlich weg – es könnte auch eine Futtermittelallergie dagegen vorliegen.

Es gibt Hunde, vor allem Senioren, die BARF gar nicht vertragen, egal wie lange und vorsichtig die Umstellung gestaltet wird. In diesem Fall sollte das Futter für den Hund gekocht und Knochen entsprechend ersetzt werden. Gekochtes Futter wird von fast allen Hunden vertragen.

Bitterstoffe

Wie bereits erwähnt, hat die Zusammensetzung von Fertigfutter, insbesondere bei Trockenfutter, einen hemmenden Effekt auf die Magensaftsekretion des Hundes. Das kann bei der Umstellung auf BARF Probleme bereiten. Vor allem Hunde, die mit der Verdauung von Knochen in der Umstellungsphase Probleme haben oder währenddessen insgesamt Anzeichen von Übelkeit (Schmatzen, Erbrechen, Grasfressen) zeigen, können mit Bitterstoffen unterstützt werden. Dafür eignet sich Löwenzahnsaft sehr gut, der etwa 10 Minuten vor der Fütterung verabreicht wird (Dosierung: 0,25 ml x Gewicht des Hundes). Löwenzahnsaft ist in Apotheken, Reformhäusern, Drogerien und diversen Internetshops erhältlich.

Darmfloraaufbau

Die Fütterung von Fertigfutter führt bei Beutefressern zu einer Veränderung innerhalb der bakteriellen Zusammensetzung der Darmflora (Sandri, M. et al. (2017)). Dies kann ungünstige Auswirkungen auf das Immunsystem und damit die Gesundheit des Tieres haben. Aus diesem Grund ist es sinnvoll, während der Umstellung auf BARF ein Probiotikum einzusetzen. So wird die natürliche und gesunde Darmflora wiederhergestellt. Dafür sollten über einen Zeitraum von etwa 6–8 Wochen täglich Probiotika verabreicht werden. Entsprechende Produkte sind im Handel erhältlich (z. B. DHN Probio immun).

Die „Nebenwirkungen" der Umstellung

Abgesehen von Durchfällen, Schleim im Kot, Erbrechen oder Verstopfung, die einfach auf die Tatsache der völlig anderen Nahrung und der Anpassung der Verdauungsprozesse zurückzuführen sind, entwickeln manche Hunde bei der Umstellung auf BARF auch andere Begleiterscheinungen, die den Besitzer beunruhigen.

Derartige Symptome werden oft als „Entgiftungserscheinungen" bezeichnet. Wissenschaftlich gesehen existiert ein derartiges Phänomen nicht. Jedoch berichten viele Hundehalter von anfänglichen Verdauungsproblemen, aber auch von Ausschlägen, Haarausfall oder Schuppen, die nach einiger Zeit von selbst verschwinden. Das kann natürlich Zufall sein oder tatsächlich im Zusammenhang mit der Fütterungsumstellung stehen. Tritt ein solches Symptom auf, sollte man nicht in Panik geraten, sondern erst einmal ein oder zwei Wochen lang abwarten, solange der Hund ansonsten keine Anzeichen von Unwohlsein zeigt. Wenn doch, könnte auch ein anderes Problem vorliegen und der Hund sollte einem Tierarzt oder Tierheilpraktiker vorgestellt werden! Natürlich kann es sich bei Ausschlägen oder anderen Veränderungen der Haut auch um Unverträglichkeiten handeln. Verschwinden sie nicht von allein, sollte man spätestens nach vier Wochen einen Tierarzt oder Tierheilpraktiker aufsuchen und den eigenen Futterplan noch einmal überprüfen (lassen). Etwaige Mangelerscheinungen aufgrund der langsamen Umstellung sind übrigens nicht die Ursache für anfängliche Umstellungserscheinungen dieser Art, denn es dauert durchaus einige Zeit, bis sich ein Nährstoffmangel anhand von verschlechtertem Fell etc. äußert. Zeigt der Hund die Symptome allerdings über einen längeren Zeitraum, so sollte dringend die Futterration überprüft werden, ggf. ist eine Ausschlussdiät nötig.

Hilfe! Mein Hund trinkt nicht mehr!

Eine weitere Begleiterscheinung macht vielen BARF-Anfängern Angst: das Trinkverhalten. Denn der Hund trinkt kaum noch etwas oder gar nichts mehr. Es gibt viele Hunde, die nach der Umstellung von Trockenfutter auf BARF nicht mehr täglich einen ganzen Napf voll Wasser trinken, sondern für diesen eine ganze Woche brauchen. Keine Sorge – das ist vollkommen normal. Trockenfutter besteht zu unter 10 % aus Wasser, BARF hingegen liefert etwa 75 % Feuchtigkeit, weil sowohl Fleisch als auch Obst und Gemüse sehr viel Wasser enthalten. Es ist in diesem Fall nicht nötig, dem Hund noch mehr Wasser zuzuführen, es sei denn, ein bestimmtes Krankheitsbild erfordert das.

Geringerer Verbrauch an Kotbeuteln

Eine andere, recht schnell eintretende und durchaus gewünschte Folge der Futterumstellung ist die Reduktion der Kotmenge. Aufgrund des Fehlens von für den Hund unnützen Füllstoffen verringert sich diese immens. Halter berichten, dass ihre Hunde vor der Umstellung bis zu dreimal am Tag Kot absetzten und sich danach auf ein einziges Mal beschränkten. Manche Hunde verrichten ihr Geschäft mit BARF sogar nur alle zwei Tage. Das ist eine völlig normale Entwicklung. Setzt der Hund allerdings länger als zwei Tage keinen Kot ab oder es wird deutlich, dass er dabei Probleme hat, sollte umgehend ein Tierarzt aufgesucht werden.

BARF
Hilfe & Tipps

TIPPS UND TRICKS

Einfache Futterplanumsetzung

Es gibt verschiedene Möglichkeiten, Futterpläne zeitsparend umzusetzen und zu vereinfachen. Während BARF-Einsteiger anfangs einen sehr detaillierten Futterplan aufstellen, gehen erfahrene Barfer im Laufe der Zeit zu einer vereinfachten Variante über. Voraussetzung für den vereinfachten Futterplan ist, die benötigten Fleischkomponenten gleich im richtigen Verhältnis (also nach dem Beutetierprinzip) zu kaufen. Somit kann man bei der Aufteilung des Futters im Grunde genommen nie Fehler machen, denn ein „nachgebautes Beutetier" befindet sich dann direkt in der Kühltruhe. Eine Einkaufsliste für 16 kg "Tierisches" sieht dann so aus:

Futtermittelgruppe	Anteil	Komponenten	Menge
50 % Muskelfleisch / Fett	50 %	Rindfleisch, ≈ 10 % Fett	7,5 kg
		Rinderfett	0,5 kg
20 % Pansen / Blättermagen	10 %	Pansen	1,5 kg
	10 %	Blättermagen	1,5 kg
15 % Innereien	6 %	Rinderleber	1,0 kg
	3 %	Rinderniere	0,5 kg
	3 %	Rindermilz	0,5 kg
	3 %	Rinderherz	0,5 kg
15 % RFK	3 %	Rinderbrustbein	0,5 kg
	3 %	Lammrippen	0,5 kg
	6 %	Hühnerhälse	1,0 kg
	3 %	Hühnerkarkassen	0,5 kg

Zusätzlich wird der pflanzliche Anteil der Ration benötigt. Dieser kann vorportioniert eingefroren werden:

Futtermittelgruppe	Anteil	Komponenten	Menge
Gemüse	75 %	Diverse	3,0 kg
Obst	25 %	Diverse	1,0 kg

Die Fütterung würde folgendermaßen ablaufen:
1. Abwechselnd verschiedene Pakete auftauen und über ggf. mehrere Tage aufbrauchen
2. Innereien und RFK auf mehrere Tage verteilen
3. Obst/Gemüse (O/G) auftauen oder frisch pürieren
4. Futtermenge (S. 81 f.) im Durchschnitt einhalten
5. Zusätze richtig dosieren (S. 71 ff.)

Die Umsetzung für einen 30 kg schweren Hund mit 600 g Futtermenge pro Tag könnten dann wie folgt aussehen, wobei es keine Rolle spielt, wie die einzelnen Komponenten nun genau verteilt werden, solange der Hund die gewählten Größenordnungen so verträgt:

Tag	Auftauen	Füttern	Futtermenge	Ergänzen
1	500 g Fleisch, 200 g Innereien, 100 g Fett, 300 g O/G	300 g Fleisch, 100 g Innereien, 50 g Fett, 100 g O/G	550 g	Fischöl
2	200 g RFK	100 g RFK + vom Vortag: 200 g Fleisch, 100 g Innereien, 50 g Fett, 200 g O/G	650 g	Seealgen
3	500 g Fleisch, 200 g Innereien, 300 g O/G	300 g Fleisch, 100 g Innereien, 100 g O/G + vom Vortag: 100 g RFK	600 g	Lebertran
4	500 g Pansen, 200 g RFK	200 g Pansen, 100 g RFK + vom Vortag: 200 g Fleisch, 100 g Innereien, 100 g O/G	700 g	Fischöl
5	100 g Fett	50 g Fett + von Vortagen: 300 g Pansen, 100 g RFK, 100 g O/G	550 g	Seealgen

Es kann vorkommen, dass der Tiefkühler noch halb gefüllt ist und von einer bestimmten Komponente z. B. Innereien gar nichts mehr übrig ist. In dem Fall kauft man diese Komponente nicht nach, sondern weiß für die Zukunft, dass man die Mengen pro Tag oder Woche anpassen muss. Ebenso ist es möglich, dass der umgekehrte Fall eintritt: es ist zu viel einer Komponente übrig, z. B. Pansen. Dann füttert man diesen in den nächsten Tagen einfach ausschließlich und passt einfach nach der nächsten Bestellung die Fütterungsfrequenz an. Über einen längeren Zeitraum gleicht sich alles aus, weil man schließlich gleich die richtige Aufteilung beim Einkauf berücksichtigt hat. So kann auf Dauer nie zu wenig oder zu viel von einer Komponente gefüttert werden.

Saubere Fütterung

Bei der Fütterung von Knochen und großen Fleischbrocken kann wesentlich mehr „Dreck" entstehen als im Falle einer Trockenfuttergabe. Zwar fressen auch gebarfte Hunde für gewöhnlich aus einem Napf, aber Stücke, die nicht sofort geschluckt werden können, landen auch schon mal auf dem Boden oder werden gar ins Hundebett geschleppt. Dabei gelangen natürlich Fleischsaft, Blut, anhaftender Gemüse-Obst-Mix und Öl auf die betroffenen Flächen. Daher macht es Sinn, große Stücke, die der Hund vermutlich erst intensiv bearbeiten muss, nicht erst mit den anderen Zutaten zu vermischen, denn sie landen mit Sicherheit auf dem Boden, der dann eine unerwünschte Patina aus Gemüse, Öl und Ei erhält. Es ist natürlich möglich, große Fleisch- und Knochenteile kurz mit Wasser abzuspülen und dem Hund einzeln zu geben, um deren Verschmutzungspotenzial zu senken.

Außerdem sollte vermieden werden, die Fütterung auf empfindlichen Oberflächen vorzunehmen. Abwischbare Bodenbeläge sind natürlich ideal. Es spricht z. B. nichts dagegen, den Hund im Bad auf den Fliesen fressen zu lassen und danach kurz durchzuwischen. Auch Hundebetten aus Kunstleder lassen sich besser reinigen als Stoffbetten. Wer einen Garten hat, kann große Knochen oder Fleischrocken natürlich auch dort füttern. Vorsicht ist bei Estrich- oder Betonböden auf Balkonen und Terrassen geboten. Die offenporige Oberfläche saugt Blut & Co. auf und lässt sich dann nicht mehr wirklich reinigen.

In einigen Haushalten gibt es gar keine abwischbaren Oberflächen. In dem Fall kann eine kleine Rolle pflegeleichten Bodenbelags im Baumarkt beschafft und dem Hund beigebracht werden, darauf zu fressen. Nach der Fütterung wischt man den Belag ab und rollt ihn wieder zusammen. Es ist nicht sinnvoll, Zeitungen auszulegen. Das Futter würde nur daran festkleben.

Wem diese Maßnahmen zu aufwendig erscheinen, der kann dem Hund auch ganz einfach maulgerechte Futterbrocken servieren. Diese werden einfach aus dem Napf gefressen und landen gar nicht erst auf dem Boden. Allerdings muss man dann auch auf das freudige Gesicht des Hundes verzichten, wenn dieser ausgiebig seine Zähne einsetzen kann.

Hygiene bei BARF

Häufig steht die Frage im Raum, wie mit dem rohen Fleisch bei BARF umgegangen werden soll. In Bezug auf Futterfleisch bei BARF sind eigentlich die gleichen Regeln wie beim Umgang mit Fleisch für den menschlichen Bedarf anzuwenden. Zwar treffen die gesetzlichen Hygienestandards für Hersteller und Anbieter im Hinblick auf Lagerung und Transport nicht auf Tierfutter zu, sodass Futterfleisch stärker mit pathogenen Erregern belastet sein kann (nicht muss!), das ändert jedoch nichts an der Herangehensweise. Es gibt im Normalfall keinen Grund für übertriebene Hygiene mit Schutzhandschuhen und Desinfektionsmitteln.

Schneiden Sie mit einem Messer auf einem Brett immer zuerst das Gemüse und Obst und erst danach das rohe Fleisch. Übergießen Sie nach getaner Arbeit Schneidebretter und Messer am besten mit siedendem Wasser aus dem Wasserkocher, verwenden Sie außerdem Spülmittel zum Reinigen oder stellen Sie diese Gegenstände einfach in die Spülmaschine. Reinigen Sie die Arbeitsflächen mit ganz normalem Spülmittel, wechseln oder waschen Sie alle zwei Tage Putzlappen oder Schwämme (oder legen Sie sie angefeuchtet für zwei Minuten auf höchster Leistungsstufe in die Mikrowelle – das tötet nahezu alle Erreger ab) und waschen Sie sich anschließend gründlich die Hände mit Seife oder Handwaschlotion. Dies gilt – wie bei jedem Umgang mit rohem Fleisch – insbesondere für Schwangere, oder wenn Kleinkinder, ältere oder immunschwache Menschen mit im Haushalt leben. Vor allem bei Kindern im Krabbelalter sollte man nach der Fütterung auch den Fußboden wischen, falls der Hund dort rohe Fleischprodukte gefressen hat. Sollten Sie sich während der Futterzubereitung versehentlich schneiden, so muss die Wunde sofort desinfiziert werden! Wenn Entzündungszeichen auftreten, ist umgehend ein Arzt zu konsultieren.

Fleischeinkauf

Als Barfer benötigt man natürlich Fleisch, Pansen, Innereien und Knochen – je nach Größe des Hundes oder Anzahl der Vierbeiner im Haushalt auch in recht großen Mengen. Heutzutage ist der Bezug von Fleisch kein großes Problem mehr. Es gibt in größeren Städten mittlerweile überall BARF-Läden, viele Zoofachgeschäfte haben Kühlabteilungen eingerichtet und im Internet finden sich etliche Online-BARF-Shops. Manchmal gibt es auch im Supermarkt günstige Angebote (z. B. wenn Produkte kurz vor Ablauf des MHD stehen) oder man hat einen Schlachthof, Bauern oder Jäger in der Nähe, der Schlachtabfälle günstig anbietet. Ein guter Anlaufpunkt sind auch arabische oder türkische Metzger, die die Schlachttiere traditionell noch oft selbst zerlegen und bei denen daher viele Knochen, Innereien und Fett abfallen, die sie meist kostenlos abgeben.

Vergessen, Fleisch zu bestellen / aufzutauen

Es kommt schon mal vor, dass man vergisst, Fleisch aufzutauen oder es rechtzeitig zu bestellen. Das erste Problem ist schnell gelöst, denn gefrorenes Fleisch kann ganz einfach samt Verpackung im heißen Wasserbad aufgetaut werden. Ein Auftauen in der Mikrowelle sollte vermieden werden. Für den anderen Fall sollte man sich einige Vollfleischdosen oder ein gutes Feuchtfutter einlagern, sodass man im Notfall Futter zur Hand hat. Hier kann auch der nächstgelegene Supermarkt Abhilfe schaffen: Mägen, Leber und Karkassen vom Huhn werden fast überall sehr preiswert angeboten, sodass man selbst einen größeren Hund ein paar Tage damit ernähren kann.

Beim Tierarzt

Leider hat man beim Tierarzt manchmal ein Problem, wenn der Hund gebarft wird: Hat man es mit einem BARF-kritischen Tiermediziner zu tun, so ist meist die Fütterungsart die Ursache für die Erkrankung – egal um welche Krankheit es sich handelt. Diese Veterinäre bemühen sich dann leider selten, die wahren Auslöser zu ergründen. Für das Behandlungsergebnis ist aber eine korrekte Diagnose unumgänglich, sodass es wichtig ist, dass die Untersuchung unvoreingenommen stattfindet. Wenn Sie den Eindruck haben, dass Ihr bisheriger Tierarzt zu dieser Gruppe von Veterinären gehört, dann sollten Sie ernsthaft über einen Wechsel nachdenken. Suchen Sie sich einen Tierarzt, der mit Ihnen arbeitet und nicht gegen Sie. Einen, der Sie bei der Fütterung mit BARF unterstützt, im Zweifel Ihren Futterplan überprüft und nicht aufgrund von Vorurteilen jede Erkrankung unreflektiert auf die Fütterung zurückführt.

HÄUFIGE FRAGEN

Muss ich jetzt alles genau berechnen und abwiegen?

Das ist eine Frage des Betrachtungswinkels. Mit Bedarfswerten und Nährwerttabellen wird bei BARF nicht gerechnet. Man muss nur einmal ermitteln, wie viel Futter der Hund insgesamt bekommt und wie sich die Ration zusammensetzt, also welchen Anteil die einzelnen Komponenten (Muskelfleisch, Pansen/Blättermagen, Innereien, RFK) einnehmen. Die benötigten Mengen für Zusätze kann man den Tabellen auf S. 74 und 75 entnehmen. Weitere Berechnungen sind nicht notwendig. Es sei denn, der Hund verträgt bestimmte Nahrungsbestandteile nicht, die dann ersetzt werden müssen, z. B. Knochen.

    Das Futter muss auch nicht grammgenau abgewogen werden. Eine Ausnahme bilden Zusätze. Da ist Genauigkeit von Bedeutung, sodass man anfangs eine Fein- oder Löffelwage bzw. entsprechende Dosierlöffel benötigt. Mit der Zeit wird der Blick für die Mengen geschult und man benötigt keine Dosierhilfen mehr. Bei den übrigen Zutaten können sich geübte Hobbyköche auf ihr Auge verlassen oder man greift anfangs zu einer Küchenwaage, um ein Gefühl für die Mengen zu bekommen. Irgendwann weiß man, wie 100 g Muskelfleisch ungefähr aussehen und das ist auch vollkommen ausreichend, um den Hund zu füttern. Grammgenaues Abwiegen ist also bei den Hauptkomponenten nicht notwendig. Ergibt der Futterplan, dass wöchentlich 627 g Pansen gefüttert werden sollen, ist es nicht notwendig, genau diese Menge zu verfüttern, ein Wert zwischen 600 und 650 g ist an dieser Stelle ausreichend.

Brauche ich wirklich keine Mineralstoff- und Vitaminpräparate?

Die Antwort auf diese Frage lautet wie so oft: Es kommt darauf an. Solange der Hund alles frisst und verträgt, was im BARF-Plan vorgesehen ist, dann nicht. Wenn der Hund keine Knochen fressen kann oder darf, Innereien verschmäht oder aus welchen Gründen auch immer ausschließlich helles Fleisch oder Fisch bekommt, kann es notwendig sein, zu supplementieren. Es ist aber nicht immer nötig, dafür synthetische Zusätze zu verwenden. Calcium und Phosphor können beispielsweise über Knochenmehl, Vitamin A über Lebertran, Eisen über Blut oder Selen über Paranüsse zugeführt werden. Wenn Sie nicht genau wissen, wie vorzugehen ist, lassen Sie sich von einem zertifizierten Ernährungsberater, Tierheilpraktiker oder Tierarzt Ihren Futterplan anpassen. Nur in seltenen Fällen sind synthetische Präparate notwendig.

Muss ich täglich alle Komponenten füttern?

Nein, das ist grundsätzlich nicht notwendig. Es ist durchaus möglich, die Futterkomponenten auf 2–3 Portionen pro Woche zu verteilen, ohne dass ein Nährstoffmangel entsteht. Man sollte nur von der stoßweisen Fütterung bestimmter Komponenten wie Innereien, Knochen, Seealgen und Lebertran absehen, weil dies zu Problemen führen kann. Gibt man bspw. die Wochenration an Knochen an einem Tag, wird der Hund vermutlich Knochenkot oder eine Verstopfung bekommen. Bei Innereien käme es bei dieser Vorgehensweise zu Durchfall und bei den Zusätzen kann eine Überdosierung erfolgen. Daher empfiehlt es sich, die Komponenten mehrfach pro Woche zu füttern, tägliche Gaben sind aber nicht notwendig.

Wie viele „Beutetierarten" soll ich füttern?

Es ist nicht erforderlich, jede erdenkliche Tierart zu füttern, die in BARF-Shops erhältlich ist, aber 2–3 Beutetierarten sollten es schon sein. Wichtiger noch als die Anzahl der Sorten ist jedoch, dass man von einer Art möglichst viele Fleischteile füttert. Es ist z. B. nicht sonderlich sinnvoll, Hähnchenbrust mit Putenbrust abzuwechseln. Diese Sorten unterscheiden sich hinsichtlich ihres Nährstoffgehaltes nur minimal. Dann wäre es besser, lieber nur ein Tier zu füttern und Hähnchenbrust mit ausgelöstem Hähnchenschenkelfleisch zu kombinieren.

Muss man Blut füttern?

Das hängt davon ab, wie das Futter zusammengesetzt ist. Blut liefert eine ganze Reihe von Nährstoffen, insbesondere Eisen. Wer ausschließlich helles Fleisch füttert und auf Innereien, vor allem Milz, verzichten muss, der sollte Blut füttern (ca. 50 ml pro 1 kg Futter), um genügend Eisen zuzuführen. Bei dunklen Fleischsorten und ausreichender Milzfütterung ist das aber nicht notwendig. Wild lebende Fleischfresser nehmen übrigens auch keine großen Mengen an Blut zu sich. Bei großen Beutetieren versickert ein Großteil des Blutes im Boden.

Mir wurde empfohlen, unbedingt Getreide oder Kartoffeln zu füttern – muss ich das?

Nein, ganz und gar nicht. Ein gesunder Hund ist keineswegs auf Kohlenhydrate zur Energieversorgung angewiesen, sofern er genug Fett und Eiweiß aufnimmt. Leider enthalten viele Futterpläne zur Rohfütterung, die von Veterinären erstellt werden, Unmengen an Kartoffeln oder Getreide. Das liegt vermutlich daran, dass in diesem Zusammenhang häufig Computerprogramme zur Ermittlung der Ration eingesetzt werden, die nicht dem BARF-Konzept folgen, sondern die Energiebedarfsdeckung über Kohlenhydrate sicherstellen.

Denken Sie immer an das Beutetiermodell: Die natürliche Energiequelle für Hunde ist Fett. Solange der Hund Fett verträgt (das ist im Normalfall nur bei wenigen Erkrankungen nicht der Fall) und auch ausreichend davon in seinem Futter vorfindet, müssen Sie gar keine Kohlenhydratquelle in den Futterplan integrieren. Mehr dazu finden Sie auf S. 41.

Ich habe gelesen, dass Hunde auch aus püriertem Gemüse keine Nährstoffe aufnehmen können. Ist das schlimm?

Der Hund ist nicht in der Lage, Cellulose zu spalten. Demzufolge kann er die in den Zellen von Obst und Gemüse vorkommenden Nährstoffe nicht erreichen. Durch Pürieren der Früchte werden einige Zellwände aufgespalten, aber nicht alle. Es ist also richtig, dass Hunde aus püriertem

Gemüse nicht alle Nährstoffe aufnehmen können. Das ist aber kein Grund zur Sorge, denn der Hund ist auf diese Vitamine und Mineralstoffe gar nicht angewiesen. Er deckt seinen Bedarf einzig und allein über die im Beutetier vorkommenden Nährstoffe. Obst und Gemüse werden bei BARF eingesetzt, damit der Hund sie *gerade nicht* komplett verdauen kann. Sie liefern nämlich die Faserstoffe, die der Hund benötigt.

Können Hunde in jedem Alter das gleiche Futter bekommen?

Ja. Die Notwendigkeit eines bestimmten Futters für gewisse Altersgruppen ist lediglich eine lukrative Marketingidee. Nachdem Säugetiere keine Muttermilch mehr trinken, fressen sie ausnahmslos das gleiche Futter wie die Elterntiere – nur relativ zu ihrem Körpergewicht wesentlich mehr davon. Ein Hund im Wachstum benötigt bezogen auf sein geringeres Gewicht viel mehr Nährstoffe als ein erwachsenes Tier, aber er frisst auch das Doppelte oder Dreifache. Somit wird der erhöhte Bedarf gedeckt. Auch Senioren brauchen grundsätzlich kein anderes Futter. Es mag sein, dass einige ältere Tiere Probleme haben, z. B. Knochen oder stark bindegewebshaltige Fleischsorten zu verdauen. Aber das ist eine individuelle Einschränkung, die durchaus auch bei jüngeren Tieren auftreten kann. In dem Fall würde man die Komponenten, die der Senior nicht mehr gut verträgt, entsprechend ersetzen.

Kann ich meinen Hund auch barfen, wenn er krank ist?

Ja, natürlich. Das ist sogar oft eine der wenigen Möglichkeiten, den Hund überhaupt zu ernähren und für viele Halter der Grund, warum sie mit dem Thema BARF erstmalig in Berührung kommen. Gerade bei einer Futtermittelunverträglichkeit bleibt keine andere Wahl, als das Futter selbst zusammenzustellen, denn Fertigfutter berücksichtigt nicht jede erdenkliche Unverträglichkeit. Auch für Hunde mit Magen-Darm-Problemen, Erkrankungen der Harnwege wie z. B. Niereninsuffizienz, Lebererkrankungen, Bauchspeicheldrüsenerkrankungen, Gelenkerkrankungen oder Krebs ist BARF die bessere Alternative zu konventionellen Futtermitteln. Jedoch müssen die Futterpläne ggf. angepasst werden. Beauftragen Sie in einem solchen Fall einen zertifizierten Ernährungsberater, Tierheilpraktiker oder einen Tierarzt mit der Erstellung eines speziellen Futterplans.

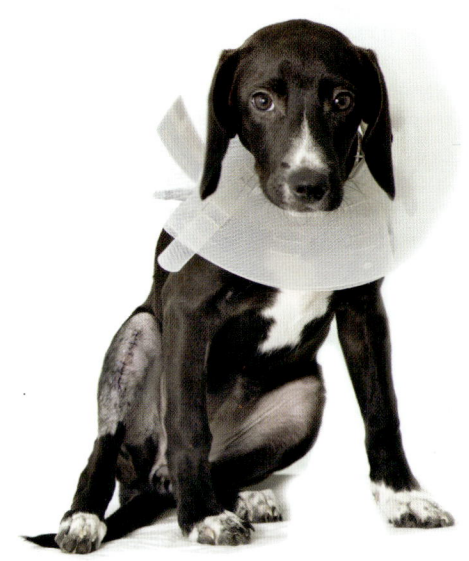

Kann man auch ältere Hunde auf BARF umstellen?

Grundsätzlich ist es nie zu spät für eine gesunde Ernährung. Auch älteren Hunden kann man etwas Gutes tun, indem man sie artgerecht ernährt. Gerade sie sind auf hochwertige Nahrungsmittel angewiesen, weil ihre Verdauung oftmals nicht mehr ganz so effizient funktioniert. Nutzlose Füllstoffe verstärken das Problem nur noch. Außerdem ist die Gewichtskontrolle mit BARF etwas einfacher und vor dem Hintergrund mangelnder Bewegung im Alter sollte darauf geachtet werden. Viele Senioren vertragen außerdem Knochen nicht mehr, weshalb an dieser Stelle oftmals auf Knochenmehl zurückgegriffen werden sollte.

Prinzipiell ist es also auch möglich, einen Senior umzustellen. Dennoch müssen die Umstände im Auge behalten werden. Den geschwächten Organismus eines sehr alten und kranken Hundes, dem vielleicht nur noch wenig Zeit bleibt, mit einer Futterumstellung zu belasten, ist möglicherweise nicht sinnvoll. Ein rüstiger Senior hingegen kann mit BARF durchaus einiges an Vitalität zurückgewinnen.

Kann ich aufgetautes Fleisch wieder einfrieren?

Ja, das ist kein Problem für Hunde. Man muss das Fleisch auch nicht komplett auftauen lassen, um es zu portionieren. Es genügt, wenn man es antauen lässt und dann zerschneidet. Aber auch vollständig aufgetautes Fleisch kann wieder eingefroren werden. Natürlich kann dabei die Belastung mit Mikroorganismen steigen. Aber ein gesunder Hund kommt damit zurecht. Wenn Ihnen dieses Risiko zu hoch erscheint, dann lassen Sie das Fleisch nicht bei Zimmertemperatur, sondern im Kühlschrank auftauen. Dort kann die Keimbelastung nicht so stark ansteigen.

Wie lange kann ich aufgetautes Fleisch im Kühlschrank lagern?

Hierbei kommt es darauf an, wie frisch das Fleisch ist und wie es beschaffen ist. In der Regel sind aber 2–3 Tage durchaus möglich. Die Frische des Fleisches lässt sich leicht anhand des Geruchs und Aussehens überprüfen: Frisches Fleisch (abgesehen von Pansen / Blättermagen oder Innereien) ist fast geruchlos, hat eine rosige bis rote Farbe und klebt nicht. Sobald es anfängt, übel zu riechen, beim Anfassen klebrige Fäden zu ziehen oder sich gar grünlich zu verfärben, ist es verdorben – und damit ein Bakterienherd. Die Frage ist, ob das für den Hund problematisch ist. Ein gesunder Hund hat in der Regel kein Problem damit, Fleisch zu verzehren, was nicht mehr frisch ist. Man sollte das Risiko einer Infektion jedoch nicht eingehen und vor allem bei immunschwachen Tieren auf Frische achten. Am besten friert man Fleisch, das man nicht rechtzeitig verbrauchen kann, schnell wieder ein. Im Napf sollte das Fleisch natürlich auch nicht stundenlang liegen. Wenn der Hund nicht alles auffrisst, muss das Futter zurück in den Kühlschrank.

Gewolftes Fleisch hält sich insgesamt nicht so lange wie Fleisch am Stück; auch das sollte man bei der Lagerung beachten.

Ganz besonders wichtig ist es, Fleisch nicht unter Luftabschluss und bei warmen Temperaturen zu lagern. Dabei könnte sich ein Bakterium namens Clostridium botulinum vermehren, welches einen Giftstoff ausschüttet, der für Hunde tödlich ist. Daher sollte das Fleisch für den Hund in einem etwas größeren Gefäß aufbewahrt und Folien entfernt werden.

Dauert das Zubereiten der Mahlzeiten lange?

Das kommt darauf an, wie man organisiert ist. Kauft man beispielsweise geschnittenes Frostfleisch, stellt die Obst-Gemüse-Ration einmal wöchentlich her (je nach Art der Früchte und Menge kann das zehn Minuten bis etwa eine Stunde dauern) und füttert einmal am Tag, so dauert das tägliche Zusammenstellen der Ration nur fünf bis zehn Minuten. Schließlich muss man nur die Zutaten in den Napf geben und servieren. Aufwendiger wird es, wenn man Fleisch beim Schlachthof einkauft, es transportiert, portioniert, eintütet, einfriert und den Obst-Gemüse-Mix täglich mühevoll aus vielen Sorten Obst und Gemüse herstellt. Wer das Menü dann auch noch schön anrichtet, ein Foto davon macht und es in sozialen Netzwerken postet, braucht noch mehr Zeit.

Muss man einen Fastentag einlegen?

Nein, das ist nicht zwingend notwendig. Wenn Ihr Hund das zeitweise Fasten nicht verträgt und sich infolgedessen beispielsweise häufig übergibt oder Sie es einfach nicht fertig bringen (wie so oft ist auch hier das „Problem" eher am anderen Ende der Leine zu suchen), dann lassen Sie ihn einfach weg.

Allerdings sei angemerkt, dass in Studien (z. B. Kealy, R. D. et al. (2002)) nachgewiesen wurde, dass sich durch eine Kalorienrestriktion die Lebenserwartung signifikant erhöht und das Fortschreiten chronischer Krankheiten wie etwa Arthrose verlangsamt wird. In Tierversuchen an Nagern zeigte intermittierendes Fasten außerdem positive Auswirkungen auf das Tumorwachstum, Herzerkrankungen, Diabetes und Schlaganfälle. Übergewicht ist insgesamt ein häufiger Grund für schwerwiegende Erkrankungen. Fasten kann beim Hund auch einen positiven Einfluss auf die Laune haben, denn sie kann zu einer Erhöhung der Serotoninsynthese im Gehirn führen.

Fragen Sie Ihren Tierarzt oder Tierheilpraktiker, wenn Sie sich nicht sicher sind, ob Ihr Hund Idealgewicht aufweist. Bei Hunden mit chronischen Erkrankungen ist Fasten nicht immer möglich. Besprechen Sie auch das bitte mit einem Fachmann.

Anmerkung für Hundebesitzer, die auch Katzen halten: Katzen dürfen nicht fasten! Sie können sonst an einer hepatischen Lipidose erkranken. Einer Kalorienrestriktion – vor allem vor dem Hintergrund, dass Katzen häufig aufgrund von Bewegungsmangel und falscher Fütterung übergewichtig sind – steht allerdings nichts entgegen.

Was kann ich im Urlaub füttern?

Wenn Sie mit Ihrem Hund verreisen, ist es meist schwierig, frisches Fleisch mitzuführen und vor allem zu lagern. Das muss aber kein Grund zur Panik sein, denn für den Urlaub gibt es Alternativen als Ersatz für:

- Fleisch / Pansen → Vollfleischdosen oder Trockenfleisch
- RFK → Hühnerflügel etc. aus dem Supermarkt oder Knochenmehl
- Gemüse / Obst → Babygläschen, Gemüseflocken oder Flohsamenschalen
- Innereien → Hähnchenleber etc. aus dem Supermarkt

Weitere Zusätze wie das gewohnte Öl oder Algen können Sie einfach mitnehmen und weiterhin verwenden. Sollten Sie z. B. Innereien im Urlaubsort nicht beschaffen können, ist das nicht tragisch. Ihr Hund wird in zwei Wochen Urlaub keinen Nährstoffmangel erleiden. Wenn Sie ein gutes Feuchtfutter finden, können Sie das natürlich auch gleich als Komplettmahlzeit mitnehmen.

Tipp: Testen Sie zuhause, ob Ihr Hund diese Mischungen oder das Feuchtfutter gut verträgt. Sie wollen sicherlich nicht, dass der Versuch im Urlaub „nach hinten" losgeht.

Achtung: Informieren Sie sich bitte unbedingt über Einfuhrbeschränkungen für Lebensmittel vor der Reise. In manche Länder dürfen nicht einmal vermeintlich harmlose Lebensmittel wie Käse eingeführt werden, von rohem Fleisch ganz zu schweigen.

Kann ich nicht einfach Fertig-BARF füttern?

Das ist durchaus möglich, aber dafür muss die Zusammensetzung der Rationen auch wirklich dem BARF-Konzept entsprechen. Das ist leider häufig nicht der Fall. Den Rationen fehlt es meist an geeigneten Innereien, der Knochenanteil ist entweder zu hoch oder zu niedrig, es werden oft Teile eingesetzt, die man eher meiden sollte (z. B. Kehlkopf, Euter) und die verwendeten Öle sind meist keine guten Lieferanten für Omega-3-Fettsäuren, die zudem nicht einmal durch Vitamin E stabilisiert werden. Es ist auch vielfach unklar, welche Mengen an Zusätzen, wie z. B. Algen oder Calciumsupplementen, eingesetzt werden. Außerdem ist Fertig-BARF fast immer fein gewolft, was sich negativ auf die Verdaulichkeit der Ration und auch im Hinblick auf Magendrehungen ungünstig auswirkt. Findet man einen Anbieter, der die Gerichte tatsächlich nach den BARF-Kriterien konzipiert, spricht jedoch nichts dagegen.

Wie funktioniert Teilbarf?

Manchen Besitzern ist es nicht möglich, den Hund vollständig zu Barfen. Sei es aus organisatorischen Gründen oder aufgrund von Platzmangel bezüglich der Fleischlagerung. Für den Hund ist jedes frische Stück Fleisch im Napf ein Vorteil, daher kann ein Hund – wenn es nicht anders geht – auch teilweise mit Fertigfutter ernährt werden.

Bei Teilbarf gilt es einige Herausforderungen zu bewältigen, vor allem wenn eine Kombination von BARF mit Trockenfutter umgesetzt werden soll. Da sich das Futter massiv unterscheidet, weist es verschiedene Verdauungszeiten auf. Außerdem ändert sich der Nährstoffbedarf eines Hundes, sobald die in Fertigfutter üblicherweise eingesetzten Kohlenhydratmengen ins Spiel kommen. Hinzu kommt, dass bei BARF der „jeder-Nährstoff-in-jeder-Mahlzeit"-Ansatz nicht zum Tragen kommt.

Es ist daher nicht möglich, beispielweise Trockenfutter einfach mit RFK oder Innereien zu vermischen und dem Hund zu geben.

Wenn Teilbarf erfolgen soll, dann müssen bestimmte Regeln eingehalten werden.
- Trockenfutter und BARF-Ration sollten zeitlich getrennt gefüttert werden.
- Die verfütterte BARF-Ration muss anteilig bereits ausgewogen sein.

Das bedeutet, dass man mindestens zweimal täglich füttern muss, um zu gewährleisten, dass beide Futterarten nicht zeitgleich im Magen landen. Morgens Trockenfutter und abends BARF wäre beispielsweise möglich.

Der zweite Punkt bedeutet, dass der Teil, der als BARF-Ration gefüttert wird, in sich ausgewogen sein muss. Es ist also nicht möglich, einen BARF-Plan, der morgens Fleisch sowie Gemüse und abends RFK, Innereien und Zusätze beinhaltet, beizubehalten und davon die morgendliche Mahlzeit durch Trockenfutter zu ersetzen, während die Abendmahlzeit einfach übernommen wird.

Am besten erstellt man für den Hund einen kompletten BARF-Plan, geht aber einfach von der Hälfte des Gewichts aus. Bei einem 30-kg-Hund würde man also morgens 50 % der Herstellerempfehlung für ein Trockenfutter geben und abends eine vollständige BARF-Ration für einen 15 kg schweren Hund. Diese würde dann sämtliche Komponenten inkl. der Zusätze enthalten – für einen 15 kg Hund. Diese Menge könnte dann auf den Zeitraum einer Woche verteilt werden.

Eine Alternative dazu stellt die Kombination von BARF und Reinfleischdosen dar. Da diese Feuchtfutter keinerlei Zusätze enthalten, können sie sehr einfach mit BARF kombiniert werden. Angenommen, ein 30 kg schwerer Hund soll morgens in der Hundetagesstätte nicht BARF, sondern eben Dosenfutter bekommen, weil das anders nicht umsetzbar ist. Dann könnte man den Muskelfleischanteil der BARF-Ration (z. B. 400 g) durch eine 400 g Dose durchwachsenes Rindermuskelfleisch ersetzen. Die anderen Bestandteile (Gemüse, Zusätze, RFK, Pansen und Innereien) können dann einfach abends oder an anderen Tagen gefüttert werden.

Kann ich meinen Hund komplett vegetarisch oder vegan barfen?

Nein, auf keinen Fall! Das ist nicht artgerecht und ein Widerspruch in sich! Hunde mögen zwar keine reinen Fleischfresser sein, aber ihr Verdauungssystem ist nicht dafür ausgelegt, sich dauerhaft vegetarisch oder gar vegan zu ernähren. Pflanzliches Eiweiß ist für Hunde sehr ungünstig und schadet auf Dauer der Leber und den Nieren. Große Mengen an Getreide oder anderen Kohlenhydratlieferanten sind ernährungsphysiologisch nicht sinnvoll (siehe S. 71). Auf Dauer entstehen außerdem Mangelerscheinungen, weil wichtige Nährstoffe fehlen.

Man kann durchaus Teile des Fleisches durch vegetarische Komponenten wie Eier und Milchprodukte ersetzen, aber erstens tolerieren Hunde oft keine großen Mengen von letzterem und zweitens leiden Legehennen und Milchkühe auch nicht weniger unter der Haltung im Rahmen industrieller Tierproduktherstellung. Vegane Fleisch-Alternativen kommen für Hunde schon gar nicht in Frage. Und auch ein Hund hat ein Recht auf artgerechte Ernährung. So hart es klingen mag: Wer mit den natürlichen Bedürfnissen eines Hundes nicht klarkommt, sollte keinen Fleischfresser als Haustier halten.

Wer moralische Bedenken hat, sollte lieber auf Fleisch aus wirklich artgerechter Haltung zurückgreifen oder wild lebende Beutetiere (z. B. Reh, Fisch) füttern. Es gibt auch einige Nutztiere, wie z. B. Schafe oder Ziegen, die für gewöhnlich auf Weiden und damit artgerechter gehalten werden als z. B. Geflügel, das fast immer unter grausamen Bedingungen „produziert" wird.

Insgesamt sollte man darauf achten, Fleischteile zu verfüttern, die im Rahmen der Fleischproduktion für Menschen „abfallen" und sonst als Dünger oder Brennstoff verwendet würden. Somit generiert man mit der Fütterung des Hundes nicht auch noch eine größere Fleischnachfrage. Wer ganz normales Fleisch im Supermarkt oder beim Metzger kauft, macht aber genau das. Daher sind Fleischprodukte, die nicht für den menschlichen Verzehr gedacht sind, die wesentlich bessere Alternative.

Schlachtabfälle sind für Hunde keineswegs nachteilig. Darunter fällt Fleisch, das für den menschlichen Verzehr ausgeschlossen wurde, weil es z. B. sehnig, blutig oder zu fettig ist – wie z. B. Kopf-, Maul- und Stichfleisch –, weil es nicht nachgefragt wird, wie Knochen, Innereien, Pansen und Blättermagen, oder weil es aus einer Überproduktion stammt oder den Qualitätsanforderungen im Hinblick auf Farbe etc. nicht entspricht. Der Hund hat mit all diesen „Schönheitsfehlern" kein Problem – ganz im Gegenteil: Innereien, Knochen und Fett sind für ihn sehr wichtig. Und bevor diese Fleischteile im Müll landen, sollten sie doch besser eine Verwendung als Hundefutter finden.

Was verwende ich als Leckerli?

Auch wenn Trockenfutter dem gebarften Hund als Belohnung in geringen Mengen vermutlich nicht schadet, gibt es mehrere Möglichkeiten, um industriell hergestellte Leckerlis zu meiden. Sie können einerseits normale Lebensmittel wie Käsewürfel, Wiener-Würstchen-Scheiben, Leberwurst (Futtertube) einsetzen – hierbei ist der oft hohe Salzgehalt zu beachten – oder Trockenfleisch kaufen oder selbst dörren. Einige Hunde mögen auch Obststücke recht gern. Andererseits können Sie natürlich selbst gesunde Hundekekse backen. Rezeptideen finden Sie auf S. 146.

Achten Sie bitte beim Einsatz von Leckerlis darauf, dass diese ggf. von der Futtermenge abzuziehen sind. Gerade Trockenfleisch wird oft unterschätzt: 30 g getrocknete Hühnermägen entsprechen ca. 100 g Frischfleisch. Rechnen Sie diese Mengen also entsprechend an. Beachten Sie auch, dass z. B. getrocknete Hühnerhälse ggf. bei der RFK-Ration hinzuzurechnen sind. Bei einem großen Hund mag ein Hals keine große Rolle spielen, aber bei einem kleinen Hund kann das der Tagesration an RFK entsprechen.

Ich habe Angst vor Magendrehungen. Wie viele Mahlzeiten soll ich füttern? Geht auch All you can eat?

Magendrehungen sind das Schreckgespenst vieler Hundehalter, weshalb große Futterportionen oftmals gemieden werden. Die Ursachen für Magendrehungen sind vielfältig. Neben Faktoren, die der Besitzer nicht beeinflussen kann (Veranlagung, Rasse, Geschlecht, Körpergröße, Temperament, Alter), spielen vor allem die Zusammensetzung des Futters und dessen Qualität eine Rolle. Ein Trockenfutter mit hohem Kohlenhydratanteil, hohem Calciumgehalt und hohen Rohaschegehalten begünstigt Magendrehungen. Diese spezifische Zusammensetzung sorgt dafür, dass die Magensäureproduktion gehemmt wird. Das hat zur Folge, dass gasbildende Bakterien nicht mehr effizient inaktiviert werden können. So kann es zu einer Aufgasung des Magens kommen.

Kohlenhydrate nehmen zudem auch noch wesentlich mehr „Platz" ein, denn sie sind im Gegensatz zu Fetten recht ineffiziente Energieträger. 50 g Fett enthalten genauso viele Kalorien wie 650 g gekochte Kartoffeln. Dadurch und durch das Aufschwemmen von Trockenfutter im Magen wird dieser gedehnt. Es ist nachgewiesen, dass Hunde, die Trockenfutter bekommen, wesentlich größere Mägen haben als Hunde, die feuchtes Futter zu sich nehmen.

Bei BARF hat man all diese Probleme nicht. Die enthaltenen Futtermittel regen fast alle (bis auf RFK, pures Fett und ggf. Getreide) die Produktion von Magensäure an, anstatt sie zu hemmen. Große Futterbrocken wie etwa gulaschgroße Stücke werden im Vergleich zu kleinen Trockenfutterbrocken besser mit Säure durchtränkt, sodass gasbildende Bakterien effizienter abgetötet werden. Insgesamt sind die Portionen (nach dem Einweichen mit Magensaft) auch kleiner, weil kaum Kohlenhydrate darin vorkommen, die viel mehr Platz einnehmen würden.

Aus diesen Gründen ist es nicht notwendig, ausgewachsene, gesunde Hunde mit BARF mehr als einmal am Tag zu füttern. Für manche Hunde ist es sogar von Nachteil, mehrmals zu fressen. Es kann passieren, dass der Hund aufgrund der säureproduktionsanregenden Eigenschaften des Futters letztendlich zu viel Magensäure produziert, wenn er mehrfach gefüttert wird und das kann zu Sodbrennen führen (S. 121). Man muss austesten, wie der Hund am besten zurechtkommt, aber es schadet nicht, bei BARF nur einmal am Tag zu füttern.

Es gibt einen Trend unter den Barfern: All you can eat. Dabei darf der Hund so viel fressen wie er will, notfalls bis zur physiologischen Grenze und am darauffolgenden Tag wird gefastet. Es ist richtig, dass Wölfe sich auf diese Art ernähren (wohl eher zwangsläufig, weil nicht täglich Beute gemacht wird), jedoch sollte das bei Hunden mit Vorsicht genossen werden. Magendrehungen sind bei Hunden im Gegensatz zu ihren Vorfahren nämlich recht häufig und nicht allein die Ernährung gilt als auslösender Faktor. Ein Hund, der von Welpenbeinen an gebarft wird, ist sicherlich weniger gefährdet, aber bei Tieren, die erst im Erwachsenenalter auf BARF umgestellt werden, sollte man vorsichtshalber davon absehen.

Bei Hunden, die eine (genetische) Veranlagung zu Magendrehungen haben, sollte man – bei egal welcher Form der Fütterung – die Symptome einer Magendrehung stets im Hinterkopf behalten. Diese Erkrankung ist lebensgefährlich und Minuten können über Leben oder Tod entscheiden.

Häufige Symptome sind Unruhe, erhöhter Speichelfluss, starkes Hecheln, blasse Schleimhäute, heftiges Würgen ohne zu erbrechen, plötzliches exzessives Fressen von Gras, Erde oder Fell (Ausreißen des eigenen Fells). Hinzu kommen meist ein aufgeblähter, harter Bauch mit einer gespannten Bauchdecke oder Ausbuchtungen hinter den Rippen sowie ein schwacher Puls. Stellt man derartige Symptome bei seinem Hund fest, gilt es, SOFORT einen Tierarzt aufzusuchen! Fahren Sie gleich in eine Praxis mit einer entsprechenden OP-Ausstattung, denn bei einer Magendrehung muss zeitnah operiert werden.

Hilfe, mein Hund hat Durchfall!

Gerade in der Umstellungsphase haben Hunde des Öfteren Durchfall oder einfach breiigen Kot. Solange ein ansonsten gesunder Hund nicht dehydriert und das Allgemeinbefinden gut ist, gibt es bei akutem Durchfall oder breiigem Kot keinen Grund zur Beunruhigung, vor allem anfangs nicht. Bei Welpen, trächtigen, laktierenden oder immunschwachen Hunden sollte dennoch Vorsicht geboten sein. Im Zweifel ist ein Tierheilpraktiker oder Tierarzt aufzusuchen.

Verschwindet der Durchfall nach ein bis zwei Tagen nicht von allein, sollte das Futter zunächst gekocht und mit einer Moro'schen Karottensuppe vermischt werden. Bessert sich der Durchfall, kann dann wieder versucht werden, roh zu füttern.

Die Moro'sche Karottensuppe gilt in Barfer-Kreisen als die Geheimwaffe gegen Durchfall und wird bei Bedarf eingesetzt. Ein Kinderarzt entwickelte einst das Rezept und behandelte damit erfolgreich Durchfallerkrankungen.

Rezept: 500 g Karotten schälen, kleinschneiden und mindestens eine Stunde lang in 1 l Wasser mit 3 g Salz kochen. Nach der Kochzeit wird die Masse püriert und mit etwas Wasser wieder zu 1 l aufgefüllt.

Die Suppe wird dann mehrfach am Tag in kleinen Mengen gefüttert. Soll die Akzeptanz erhöht werden, kann an Stelle von Wasser auch etwas Fleischbrühe verwendet werden. Es ist wichtig, die lange Kochzeit einzuhalten. Dadurch zerfallen die Stärkemoleküle der Karotten zu Oligogalakturonsäuren, die im Darm Rezeptoren besetzen, an denen die pathogenen Erreger andocken, sodass deren Anhaftung an der Darmwand blockiert wird.

> **SCHON GEWUSST?**
>
> Der Hautfaltentest gibt Aufschluss darüber, ob ein Hund dehydriert ist. Bilden Sie an einer glatten Hautstelle eine Hautfalte zwischen Ihren Fingern und lassen los. Bei einem gesunden Hund springt die Haut sofort in die Ausgangsposition zurück, bei einem dehydrierten erfolgt dies langsam. In dem Fall ist sofort ein Tierarzt aufzusuchen!

Nicht immer ist der Durchfall ein vorrübergehendes Resultat der Futterumstellung, sondern er kann auch chronisch auftreten. Durchfall ist keine Krankheit, sondern ein Symptom. Beseitigt man die Ursache, verschwindet auch der Durchfall. Ein Hund, der dauerhaft darunter leidet, sollte unbedingt einem Tierheilpraktiker oder Tierarzt vorgestellt werden, denn es können auch ernsthafte Erkrankungen zugrunde liegen.

Mein Hund übergibt sich, was kann ich tun?

Hunde neigen dazu, sich recht schnell zu übergeben. Wenn sich etwas im Magen befindet, was nicht verdaut werden kann, befreit sich der Körper auf diese Weise von dem Fremdkörper. Manchmal würgen Hunde auch auf leeren Magen eine gelbe Flüssigkeit hervor. Natürlich kann Erbrechen, vor allem chronisches, auch im Zusammenhang mit teilweise gefährlichen Erkrankungen stehen. In dem Fall muss ein Tierheilpraktiker oder Tierarzt konsultiert werden. Behalten Sie auch immer die Möglichkeit eines Giftköders im Hinterkopf.

Tritt das Erbrechen akut auf, gibt es einige Lösungsansätze:
In der Umstellungsphase kann es dazu kommen, dass der Hund das Futter komplett oder teilweise erbricht. Wenn der Hund ansonsten keine Anzeichen von Unwohlsein zeigt (Unruhe, starkes Hecheln, Druckempfindlichkeit in der Bauchregion, Fieber etc.), dann ist das zunächst kein Grund zur Sorge. Vermutlich hat sich der Körper noch nicht an das neue Futter gewöhnt. Das kann eine Weile dauern. Stellen Sie in dem Fall für ein paar Tage auf gekochtes Futter um, ersetzen Sie Knochen durch ein Knochenmehl und geben Sie etwas Löwenzahnsaft (S. 102) dazu. Prüfen Sie außerdem die Qualität des Fleisches. Eine hohe Bakterienlast kann auch zu Erbrechen führen.

Einige Hunde erbrechen auch lange nach der Futterumstellung gelegentlich Knochen. Meist sind es Schlinger, die Knochen am Stück verschlucken. In so einem Fall kann es sinnvoll sein, dem Hund lieber weichere oder gewolfte Knochen zu geben. Zur Zahnpflege können getrocknete Rinderkopfhaut oder große Knochen gegeben werden, die der Hund nicht verschlucken kann.

Es kommt vor, dass Hunde eine gelbe Flüssigkeit hervorwürgen. Das tritt oft morgens auf und meist haben die betroffenen Tiere dann vorher recht lange nichts gefressen. In dem Fall kann man versuchen, kurz vor dem Zubettgehen einen größeren Fleischbrocken zu füttern. Manchen Hunden hilft auch ein Stück Brot. Es kann bei so einem Hund ebenfalls Sinn machen, die Fütterungsintervalle zu verändern und anstelle von lediglich einer Fütterung zweimal täglich zu füttern oder umgekehrt. Die Vorgehensweisen sind ähnlich wie bei Sodbrennen.

Mein Hund schmatzt. Ist das eine Übersäuerung?

Wenn Hunde schmatzen, grundlos schlucken oder Unmengen an Gras oder Erde fressen, kann das durchaus ein Hinweis auf Sodbrennen sein. Häufig wird dieses Symptom auch als „Übersäuerung" bezeichnet. Das ist nicht zu verwechseln mit einer Störung des Säure-Basen-Haushaltes im Körper (Azidose). Sodbrennen ist vielmehr die Folge eines Aufsteigens von Magensäure in die Speiseröhre. Häufig wird das auf einen Überschuss an Magensäure zurückgeführt. Das ist jedoch nicht immer die Ursache. So widersprüchlich das auch klingen mag, es kann auch sein, dass ein Magensäuremangel vorliegt. Unglücklicherweise sind die Symptome sehr ähnlich, sodass es schwierig ist, festzustellen, was die eigentliche Ursache ist. Bei einigen Tieren, z. B. brachyzephalen Hunderassen, liegen außerdem organische Ursachen vor, die man mit der Fütterung nicht wirklich beeinflussen kann. Man kann aber folgende Anpassungen der Fütterung ausprobieren:

- Fütterungsintervall: Wechsel von einmaliger auf zweimalige Fütterung oder umgekehrt.
- Fütterungszeitpunkt: Wechsel von gleichbleibendem Fütterungszeitpunkt oder ritualisierten Fütterungsgewohnheiten (z. B. nach der abendlichen Gassirunde) auf chaotische Fütterung (also nicht immer zur gleichen Zeit und unabhängig von wiederkehrenden Ereignissen füttern) oder umgekehrt.
- Verschiebung des Zeitpunktes allgemein.
- Futterzusammensetzung: Hinzufügen oder Weglassen von Kohlenhydraten, Fett, Salz, Knochen, Eierschalenpulver, ggf. anderweitig supplementieren, sowie Wechsel von gewolftem Fleisch auf Fleischbrocken, Fütterung eines Fleischbrockens vor dem Zubettgehen.
- Fütterung von Bitterstoffen: Verarbeiten Sie Chicorée, Radicchio, Endivien oder Löwenzahn, große Klette, Wermut und Salbei in der Gemüseration oder geben Sie Ihrem Hund etwa 10 Minuten vor der Fütterung Löwenzahnsaft (S. 102) oder eine Bitterstofftinktur.
- Testen kann man unter anderem: MSM, Darmfloraaufbau mit Probiotika, Sauerkrautsaft sowie Apfelessig.

Bestehen die Probleme dauerhaft oder zeigt der Hund auch andere Symptome von Unwohlsein, sollte ein Tierheilpraktiker oder Tierarzt konsultiert werden.

Hilfe, mein Hund kaut überhaupt gar nicht!

Als Kind lernt man: „Gut gekaut ist halb verdaut". Und diese Erkenntnis würden die meisten Hundehalter auch gern bei ihren Tieren umgesetzt sehen – vor allem, weil das für die Zahnpflege gut ist. Leider halten viele Hunde rein gar nichts von dieser Vorgabe und schlingen ihr Futter herunter, egal wie groß die Brocken sind. Meist ändert sich daran auch mit BARF nichts, denn Hunde sind Schlinger und sie zeigen damit ein natürliches Verhalten. Es gibt Hunde, die sogar große Knochen oder riesige Fleischbrocken am Stück verschlucken, ohne auch nur einmal zu kauen. Sicherheitshalber sollten Sie bei einem solchen Hund die Futterbrocken etwas kleiner schneiden und Knochen entweder durch gewolfte Knochen ersetzen oder sehr weiche Knochen füttern, damit der Hund sich nicht verletzt. Ansonsten werden Sie wohl nichts an dem Fressverhalten ändern können. Wenn Ihr Hund schlingt, dann schlingt er.

Mein Hund frisst Gras. Ist das OK?

Dass Hunde Gras fressen, ist in einem gewissen Rahmen vollkommen normal. Auch Hunde, die mit genauestens konzipiertem Futter versorgt werden, zeigen dieses Verhalten, weswegen nicht davon auszugehen ist, dass es durch einen Nährstoffmangel verursacht wird. Untersuchungen haben außerdem gezeigt, dass auch kein Zusammenhang zwischen dem Anteil an Ballaststoffen im Futter und dem Grasfressen besteht. Man weiß bisher nicht, warum Hunde Gras fressen. Solange der Hund Gras in den für ihn gewohnten Mengen aufnimmt, ist alles in Ordnung. Ändert ein Hund jedoch sein übliches Verhalten und beginnt, viel mehr Gras zu fressen, so könnte dies ein Hinweis auf eine Erkrankung sein. Beispielsweise wäre Sodbrennen ein möglicher Auslöser. Vorsicht ist geboten, wenn ein Hund exzessiv Gras aufnimmt (also wie besessen sogar ganze Büschel herausreißt), dann liegt eventuell ein medizinischer Notfall vor und der Hund sollte sofort einem Tiermediziner vorgestellt werden.

Mein Hund frisst Kot. Hat er eine Mangelerscheinung?

Auch dieses Verhalten ist leider für Hunde relativ normal und hat in den meisten Fällen nichts mit einer Mangelversorgung zu tun. Krankheitsbedingt tritt Kotfressen manchmal beim Vorliegen einer Bauchspeicheldrüsenerkrankung auf. Solange der Hund diesbezüglich kein extremes Verhalten an den Tag legt, gibt es keinen Grund zur Sorge Verschlimmert sich das Kotfressen durch BARF, so kann versucht werden, durch die Fütterung von Enzymen (z. B. Nahani Inflazym) Abhilfe zu schaffen. An sich stellt die Aufnahme von Kot für gesunde Hunde auch kein Problem dar und ist als natürliche Verhaltensweise einzustufen, die natürlich vom Halter deswegen nicht unbedingt toleriert werden muss.

Vorsicht ist bei Tieren mit einem MDR-1-Defekt geboten. Sie sollten zwingend davon abgehalten werden, Pferdeäpfel zu fressen, denn Pferde werden oftmals regelmäßig entwurmt und ein Wurmmittel namens Ivermectin, was sich dann im Kot der Pferde befindet, kann bei betroffenen Hunden tödliche Folgen haben.

Mein Hund wird nicht satt! Was kann ich füttern?

Die meisten Hunde haben ein Problem: Sie werden eigentlich nie satt und geben zum Entsetzen ihrer Besitzer vor, ständig kurz vor dem Hungertod zu stehen. Viele Hundehalter stellen sich dann die Frage, was sie füttern könnten, um den Hund satt zu kriegen. Die Antwort auf diese Frage lautet nicht: Unmengen an Gemüse, Weizenkleie oder Lunge. Zu viel Gemüse senkt die Verdaulichkeit des Futters, Weizenkleie erhöht den Bedarf an bestimmten Nährstoffen und bindegewebsreiche Innereien wie Lunge haben in großen Mengen übelriechende Folgen.

Es gibt überhaupt keine Lösung für dieses „Problem", denn es ist eigentlich keins. Hunde haben kein Sättigungsgefühl wie wir Menschen es kennen. Die meisten Hunde fressen, solange sie können. Dieses Reliktverhalten haben sie von ihren Ahnen, den Wölfen, geerbt. Versuchen Sie nicht, die Ration künstlich aufzublähen. Ihr Hund wird trotzdem nicht satt werden. Bei einigen Tieren bessert sich das Verhalten allerdings, wenn man sie nur einmal am Tag und nicht zweimal füttert. Und manchen Tieren hilft ein gewisser Getreideanteil im Futter – wenn sie den vertragen.

Hilfe, mein Hund nimmt immer weiter ab!

Immer wieder liest man in Internetforen, dass Hunde mit den „normalen" Mengen, die man bei BARF üblicherweise ansetzt (2–4 % des Körpergewichts: große Hunde eher 2–3 %, kleine eher 3–4 %) nicht zurechtkommen und trotz immenser Futtermengen abnehmen. Die Hunde fressen dann meist utopisch große Fleischberge und sind dennoch zu dünn. Meist liegt die Ursache in einem zu geringen Fettgehalt in der Ration.

Nimmt ein Hund trotz angemessener Futtermenge ab, sollte man den Fettgehalt der Ration überprüfen. Ab S. 45 ist erläutert, warum das von Bedeutung ist und wie eine Anpassung erfolgen sollte.

Es könnten allerdings auch andere Ursachen vorliegen wie etwa ein Parasitenbefall oder bestimmte Krankheiten. Ist die Energiedichte des Futters ausreichend und der Hund nimmt trotz großer Futtermenge ab, sollte er einem Tierheilpraktiker oder Tierarzt vorgestellt werden.

Wie reguliert man das Gewicht des Hundes?

Viele Hundehalter entscheiden sich für BARF, weil der Hund über- oder untergewichtig ist und das Abnehmen mit Fertigfutter einfach nicht klappen will. Gerade Übergewicht stellt ein großes gesundheitliches Risiko für Hunde dar und sollte daher unbedingt vermieden werden. Manchmal ist es schwierig einzuschätzen, ob der Hund ein angemessenes Gewicht hat. Wenn Sie sich unsicher sind, fragen Sie einfach Ihren Tierheilpraktiker oder Tierarzt. Die folgende Grafik gibt eine Orientierung zum idealen Gewicht des Hundes:

untergewichtig	dünn	idealgewichtig	übergewichtig	fettleibig
• deutlich hervorstehende Rippen, Beckenknochen sowie Wirbelsäule	• sichtbare Rippen, Beckenknochen sowie Wirbelsäule	• Rippen, Beckenknochen sowie Wirbelsäule nicht sichtbar, aber leicht ertastbar	• Rippen und Beckenknochen sowie Wirbelsäule sind nur schwer ertastbar	• Rippen, Beckenknochen sowie Wirbelsäule nur mit starkem Druck ertastbar
• keinerlei Unterbauchfett ertastbar	• dünne Unterbauchfettschicht tastbar	• Taille gut sichtbar	• keine Taille sichtbar	• keine Taille sichtbar
• keine Muskelmasse	• Taille sehr deutlich sichtbar	• Unterbauchfettgewebe vorhanden	• ausgeprägtes Unterbauchfettgewebe sowie Fetteinlagerungen entlang des Rückens	• sehr ausgeprägtes Unterbauchfettgewebe bis hin zum "Hängebauch" sowie Fetteinlagerungen entlang des Rückens und Nackens

Wenn der Hund *Übergewicht* hat, kann er mit BARF sehr gut abnehmen. Je nachdem, wie stark übergewichtig der Hund ist, muss die Futtermenge angepasst werden. Bei leichtem bis moderatem Übergewicht berechnet man die Futtermenge einfach auf Basis des Idealgewichts. Ein Hund, der eigentlich 30 kg wiegen sollte, aber 32 kg wiegt, bekommt also nicht 2 % von 32 kg, sondern 2 % von 30 kg. Ist der Hund stark übergewichtig, muss schrittweise vorgegangen werden. Ein Hund, der 30 kg wiegen sollte, aber 40 kg wiegt, würde eine Zeit lang wie ein Hund gefüttert werden, der 35 kg wiegt und wenn das Gewicht erreicht ist, würde das Futter auf Basis eines 30 kg Hundes ermittelt werden. Auch Hunde sollten nicht zu schnell abnehmen, das kann gesundheitliche Folgen nach sich ziehen. Daher erfolgt die Gewichtsreduktion schrittweise. Sehen Sie unbedingt von Diäten wie FDH („Friss die Hälfte") ab.

Bei einigen Hunden ist auch die Getreidefütterung ursächlich für Übergewicht. Probieren Sie getreidefreies BARF aus, falls Ihr Hund mit Getreide nicht abnimmt.

Achten Sie bei der Gewichtsreduktion auch unbedingt darauf, dass der Hund nur das bekommt, was im Futterplan steht. Manchmal macht es Sinn, das Futter abzuwiegen, um volle Kontrolle zu haben. Bedenken Sie auch die Menge der Leckerlis: Vor allem getrocknetes Fleisch wird von vielen Besitzern unterschätzt. Beachten Sie, dass 30 g Trockenfleisch, wie bereits erwähnt, fast 100 g Frischfleisch entspricht. Streichen Sie Leckerlis oder ziehen Sie diese unbedingt von der Fleischmenge ab. Verwenden Sie außerdem leichte Leckerlis wie z. B. getrocknete Lunge. Halten Sie auch Familienangehörige davon ab, den Hund zusätzlich zu füttern. Manchmal ist auch die nette ältere Dame von nebenan Schuld am Übergewicht des Hundes. Behalten Sie auch diese Möglichkeit im Blick.

Wenn der Hund *untergewichtig* ist, obwohl er augenscheinlich genug Futter bekommt, sollte zunächst einmal abgeklärt werden, ob gesundheitliche Ursachen vorliegen. Parasiten oder Erkrankungen können dazu führen, dass weniger Nährstoffe aufgenommen werden können. Wenn eine solche Ursache ausgeschlossen ist, würde zunächst die Futtermenge auf Basis des Idealgewichtes berechnet werden. Ein Hund, der 28 kg wiegt, aber 30 kg wiegen sollte, bekommt die Futtermenge eines 30-kg-Hundes. Außerdem sollte zwingend der Fettgehalt der Ration überprüft und ggf. angehoben werden (siehe S. 45 f.). Wenn diese Maßnahmen nichts nützen, muss die Futtermenge noch weiter erhöht werden. Wenn auch das nicht den gewünschten Effekt bringt, kann ausprobiert werden, ob der Hund durch die Fütterung mit Getreide oder Kartoffeln zunimmt.

Sollte ich jetzt regelmäßig ein Blutbild machen lassen?

Nein, das ist weder notwendig, noch sinnvoll – es sei denn, Ihr Hund leidet unter einer Krankheit, die regelmäßige Überprüfungen der Blutwerte erforderlich macht. Viele Tierarztpraxen bieten mittlerweile ein BARF-Profil an, erwähnen aber nicht, dass ein Nährstoffmangel im Blut erst sehr spät oder gar nicht erkennbar wird. Gerade bei Mineralstoffen wie Calcium, Magnesium etc. wird ein Mangel im Blut eher nicht sichtbar, weil der Körper bestrebt ist, diese Stoffe im Serum konstant zu halten. Zur Not werden die Mineralstoffe aus den Knochen gelöst und die Blutwerte sehen immer noch optimal aus, obwohl längst ein Mangel besteht. Auch die Blutergebnisse für Kupfer, Zink, Jod, sowie Vitamin A sind nicht aussagekräftig und zeigen nicht an, ob der Hund ausreichend oder übermäßig versorgt wird, weshalb deren Aussagekraft ausgesprochen strittig ist. Über die Gründe, weshalb sie dennoch in BARF-Profilen untersucht werden, lässt sich nur spekulieren. Verlassen Sie sich bezüglich der Einschätzung des Gesundheitszustandes lieber auf den Gesamteindruck des Hundes. Ein Hund, der fit und gut bemuskelt ist, glänzendes Fell und reine Haut hat, wird eher nicht an einem Mangel leiden. Der Organismus verschwendet keine Ressourcen an „unwichtige Dinge" wie etwa Fellglanz, wenn es für die lebenswichtigen Organe bereits am Nötigsten mangelt. Natürlich spricht nichts dagegen, beim jährlichen Check die Blutwerte (Organ-Profil) kontrollieren zu lassen, aber man sollte sich nicht darauf verlassen, einen Mangel damit aufdecken zu können.

Außerdem weichen einige Blutparameter gebarfter Hunde von den Normwerten von Hunden ab, die mit getreidehaltigem Fertigfutter ernährt werden, ohne dass diese Abweichungen pathologischer Natur sind. So haben laut einer amerikanischen Studie (Wynn, S. G., Bartges, J., Dodds, W. J. (2003)) Hunde, die mit fleischbasierter Nahrung gefüttert werden, in der Regel höhere Hämatokrit-, Harnstoff- und Kreatininwerte. Dies muss bei der Auswertung von Laborergebnissen berücksichtigt werden.

Muss ich meinen Hund jetzt häufiger entwurmen?

Grundsätzlich sind Entwurmungen nur dann sinnvoll, wenn ein Wurmbefall vorliegt. Sogenannte „prophylaktische Wurmkuren", wie sie beschönigend genannt werden, haben keinerlei vorbeugende Wirkung. Einen Tag nach der Medikamentengabe kann der Hund sich sofort wieder neu infizieren. Außerdem sind diese Mittel auch nicht völlig unbedenklich für den Hund. Es gibt einen Grund dafür, dass in den Beipackzetteln vor direktem Hautkontakt beim Menschen oder einer versehentlichen Einnahme gewarnt wird. Es handelt sich letztendlich um neurotoxische Stoffe und auch hier gilt: Keine Wirkung ohne Nebenwirkung. Aus diesem Grund sollte man im Zweifel lieber regelmäßig Kotproben des Hundes beim Tierarzt untersuchen lassen. Dafür ist es notwendig, Kot von drei Tagen zu sammeln, um eine bessere Treffsicherheit bei der Untersuchung zu gewährleisten, denn auch befallene Hunde scheiden nicht andauernd Würmer oder deren Vorstadien aus.

Insgesamt ist für gebarfte Hunde die Gefahr, sich mit Würmern zu infizieren, nicht wirklich größer, wenn man das Fleisch vor der Fütterung für eine Woche bei -17 bis -20 °C einfriert. Mehr dazu ab S. 27.

Abgesehen davon haben bestimmte Nahrungsmittel wie Kokos, Kürbiskerne oder auch Knoblauch – die bei BARF häufig zum Einsatz kommen – wurmwidrige Eigenschaften. Diese sind wissenschaftlich erwiesen, auch wenn einige Kritiker Gegenteiliges behaupten. Geben Sie Ihrem Hund regelmäßig Kokosflocken, Kürbiskerne und etwa einmal im Quartal eine Woche lang natives Kokosöl (z. B. als Ersatz für das Fett, was Sie sonst geben würden) mit ins Futter, damit lässt sich sogar ein richtiger Wurmbefall behandeln.

Mein Hund verträgt BARF einfach nicht. Was soll ich tun?

Es gibt einige Hunde, die rohes Fleisch gar nicht vertragen, egal, wie man den Plan gestaltet. Wenn Sie alles versucht haben und es einfach nicht geht, dann sollten Sie sich damit abfinden. Quälen Sie sich nicht. Behalten Sie die Zusammensetzung der Ration bei, aber kochen Sie das Fleisch, die Innereien und das Gemüse, ersetzen Sie die Knochen durch ein Knochenmehl und fügen Sie Öle, Kräuter oder andere Zusätze anschließend hinzu. Manchmal reicht sogar ein Überbrühen des Fleisches. Ihr Hund ist auch mit Selbstgekochtem sehr gut versorgt. Es gibt übrigens auch Hunde, die nicht einmal das vertragen. Ihr Verdauungssystem ist derart geschädigt, dass sie nur noch vollkommen denaturierte Futtermittel wie Hydrolysate oder ähnliches verdauen können. Auch daran können Sie nichts ändern. Ein Hund muss das Futter bekommen, das für ihn am besten ist und das er verträgt und nicht das, das dem Besitzer vorschwebt.

Ich habe immer noch Angst, Fehler zu machen

Das Thema BARF kann anfangs manchmal ganz schön überfordern. Je mehr man recherchiert, desto größer scheint die Verunsicherung zu werden. Auf jede Frage scheint es hundert verschiedene Antworten zu geben – und sie sind oft widersprüchlich. Keine Sorge, das ist vollkommen normal. Jeder BARF-Anfänger steht vor diesem Problem. So geht es wirklich allen.

Die Fütterung von Hunden wird oftmals kontrovers diskutiert und die Studienlage ist nicht eindeutig. Es sind Emotionen im Spiel, aber auch Geld und Macht. Daher sind die Informationen, die man zu diesem Thema findet, auch so unterschiedlich. Es ist schwierig, diesbezüglich einen Rat zu geben, da jeder seinen eigenen Weg finden muss. Manch einem Hundehalter hilft vielleicht, sich das Beutetierkonzept vor Augen zu halten – was über Jahrtausende funktioniert hat, kann nicht vollkommen falsch sein –, andere fühlen sich wohler, wenn sie Erfahrungen mit anderen Hundehaltern austauschen können und wieder andere greifen zum Taschenrechner, um ihren Futterplan bis auf das letzte Gramm genau zu überprüfen.

Es gibt kein Patentrezept für die Unsicherheit am Anfang. Sie begleitet jeden. Eins ist jedoch sicher: Bei den meisten Hundehaltern legt sie sich. Wenn die Fütterung erst einmal leichter von der Hand geht und man sieht, dass es dem Hund gut geht, dann verblassen die Bedenken vollständig. Und irgendwann bemerkt man, dass der Futterplan, den man so akribisch ausgerechnet und stundenlang in Foren diskutiert hat, gar nicht mehr am Kühlschrank hängt, weil BARF normal geworden ist – so wie es sein sollte...

WAS SOLLTE MAN BEI BARF UNBEDINGT VERMEIDEN?

In diesem Buch wurden Hinweise zur Vermeidung von Fehlern gegeben. Da doppelt bekanntermaßen besser hält und die Gefahr besteht, dass diese wichtigen Aspekte aufgrund der Informationsfülle überlesen oder vergessen werden, sind sie hier noch einmal zusammenfassend genannt.

NIE GEKOCHTE KNOCHEN VERFÜTTERN – LEBENSGEFAHR!
Kocht man Knochen, so werden sie spröde und porös. Sie können splittern und lebensgefährlich werden. Knochen stets roh füttern.

NICHT UNVERHÄLTNISMÄSSIG ODER EINSEITIG FÜTTERN – MANGELERNÄHRUNG!
Man sollte bei der Zusammenstellung der Rationen stets das Beutetierprinzip (S. 12) berücksichtigen. Nur bei Einhaltung der Konzeptregeln stellt man eine optimale Versorgung mit allen wichtigen Nährstoffen sicher.

Auch eine abwechslungsreiche Fütterung ist unabdingbar für eine ausgewogene Ernährung. Man sollte daher am besten Fleisch, Innereien und Knochen von zwei bis drei verschiedenen Tierarten füttern und auch beim Gemüse oder Getreide immer unterschiedliche Sorten verwenden.

NICHT ZU ENERGIEARM FÜTTERN – LEBER- UND NIERENSCHÄDEN!
Jeder Organismus braucht Energie. Diese gewinnt der Hund am effizientesten und natürlichsten aus Fett. Viele Hunde vertragen aber auch Kohlenhydrate. Eiweiß soll nicht als Energiequelle dienen, weil bei der Verstoffwechselung von Eiweiß vermehrt Abbauprodukte entstehen. Das ist ein normaler physiologischer Vorgang. Wenn der Hund jedoch überwiegend Eiweiß zur Energieversorgung nutzen muss, dann entstehen zu viele Eiweißabbauprodukte und das überfordert auf Dauer Leber und Nieren. Mehr dazu auf S. 45.

FLEISCH NIE UNTER LUFTABSCHLUSS ODER BEI ZU WARMEN TEMPERATUREN AUFTAUEN LASSEN – LEBENSGEFAHR!
Das Bakterium Clostridium botulinum könnte sich im Fleisch vermehren und einen Giftstoff ausschütten, der für Hunde tödlich ist. Das Bakterium vermehrt sich vornehmlich unter Luftabschluss. Idealerweise sollte das Fleisch im Kühlschrank aufgetaut werden, wobei vakuumverpacktes Fleisch von der Folie zu befreien ist.

KEIN ROHES SCHWEINEFLEISCH FÜTTERN – LEBENSGEFAHR!
Es kann das Aujeszky-Virus enthalten, das eine für Hunde tödliche Krankheit hervorruft. Das Virus wird allerdings inaktiviert (ist also nicht mehr infektiös), wenn man das Schweinefleisch lange genug kocht (Kerntemperatur: 100 °C ca. 1 min, 80 °C ca. 3 min). Dann kann es auch verfüttert werden.

KEIN / WENIG SCHILDDRÜSENGEWEBE FÜTTERN – SCHÄDIGUNG DER SCHILDDRÜSE!
Manchmal befindet sich Schilddrüsengewebe an Kehlköpfen oder in Kopffleisch-oder Schlundfleisch-Mixen. Die darin enthaltenen Schilddrüsenhormone können die Funktion der Schilddrüse des Hundes beeinflussen und eine eigentlich sehr seltene exogene Schilddrüsenüberfunktion (Thyreotoxicosis factitia) provozieren. Mehr dazu auf S. 62.

ZUSÄTZE NICHT IN MASSEN FÜTTERN – ÜBERVERSORGUNG!

Es gibt eine ganze Reihe von Zusätzen für gebarfte Hunde. Nicht alle sind sinnvoll und einige können schnell überdosiert werden.

Vorsicht bei Seealgen! Jod hat einen großen Einfluss auf die Schilddrüse. Hunde tolerieren zwar auch große Mengen an Jod (bis zu 85 μg/kg Körpergewicht und Tag gelten als ungefährlich), aber viele Lebensmittel sind in Deutschland bereits mit Jod angereichert und eine Überversorgung kann Schilddrüsenprobleme herbeiführen. Hier sollte man sich an den Werten auf S. 75 orientieren.

Lebertran z. B. enthält sehr viel Vitamin A und D. Diese beiden Vitamine sind nicht wasserlöslich und können daher überdosiert werden. Angaben zur korrekten Dosierung finden Sie auf S. 74.

Obacht ist auch bei calciumhaltigen Zusätzen wie Algenkalk oder Eierschalenpulver geboten, denn auch Calcium kann überdosiert werden. Auch Kräutermixe enthalten oft sehr viel Calcium.

Ganz besonders vorsichtig sollte mit hochdosierten Nahrungsergänzungsmitteln in Tablettenform (z. B. Selentabletten) umgegangen werden! Im Zweifel sollte auf unnötige Zusätze verzichtet oder ein zertifizierter Ernährungsberater, Tierheilpraktiker oder Tierarzt um Rat gefragt werden.

THIAMINASEHALTIGEN, ROHEN FISCH NICHT IN MASSEN FÜTTERN – VITAMIN-B-MANGEL!

Thiaminase vernichtet das Vitamin B1 und ist z. B. in Karpfen, Hering, Kabeljau, Flunder, Seelachs, Wels, Wittling, Zander oder Thunfisch enthalten. Bei einseitiger, dauerhafter Fütterung derartiger Fische kann ein Vitamin-B-Mangel entstehen. Thiaminase wird durch Erhitzen zerstört.

WENIG OXALSÄUREHALTIGE ODER PHYTINSÄUREHALTIGE NAHRUNGSMITTEL FÜTTERN – CALCIUMMANGEL!

Oxalsäurehaltige Lebensmittel wie Mangold, Spinat, Grünkohl und Rhabarber sollte man in Maßen füttern, da sie die Aufnahme von Calcium hemmen. Gleiches gilt für phytinsäurehaltige Nahrungsmittel wie Getreide.

FÜR HUNDE GIFTIGE NAHRUNGSMITTEL MEIDEN – GESUNDHEITS- BZW. LEBENSGEFAHR!

Die folgenden Lebensmittel sollten Hunde nicht zu sich nehmen, weil sie teilweise zu gesundheitlichen Problemen führen können. Diese reichen von Übelkeit bis hin zum Tod (mit „!" gekennzeichnet). Zwar macht bei einigen der genannten Lebensmittel die Menge das Gift, aber geeignete Mengen sind schwer abzuschätzen. Daher sollten die folgenden Lebensmittel vorsichtshalber gemieden werden:

Auberginen, Avocados, Eicheln, Gartenbohnen (roh), Gewürznelken, Holunderbeeren (roh), Hülsenfrüchte (roh), Kaffee, Kakao! / Schokolade!, Kartoffeln (roh), Macadamianüsse, Bittermandeln, Muskatnuss, Bambussprossen (unreif), Obstkerne, Paprika (grün und gelb), Quitten, Tomaten (unreif), Walnüsse (unreif), Weintrauben! / Rosinen!, Xylit (Süßstoff)! sowie Medikamente aus dem Humanbereich.

BARF
Die Rezepte

ALLGEMEINES ZU DEN REZEPTEN

Auf den folgenden Seiten finden Sie Rezeptideen für BARF-Menüs, um einen Eindruck zu erhalten, wie eine Ration aussehen könnte. Außerdem gibt es ein paar Leckerli-Rezepte. Diese Kreationen sollen lediglich eine Anregung sein. Lassen Sie Ihrer Kreativität freien Lauf und kombinieren Sie Zutaten zu eigenen Rezepten.

Die Rezepte werden mit Mengen für drei verschieden Größen von *erwachsenen* Hunden angegeben und verstehen sich als Richtwerte. Wenn Ihr Hund kleiner oder größer ist als die Beispiel-Hunde, müssen Sie lediglich die Mengen anpassen. Die Anpassungen können Sie anhand der Angaben ab S. 81 vornehmen. Die Rezepte eignen sich natürlich auch für Welpen, auch dabei müssen jedoch die Mengen angepasst werden. Wie vorzugehen ist, finden Sie ab Seite 94.

Der Rezept-Baukasten

Es gibt zwei Kategorien von Rezepten, die in je zwei Typen, nämlich I und II, unterteilt sind. Die Kombination der beiden Typen ist jeweils bedarfsdeckend und versorgt den Hund optimal mit allen Nährstoffen. Achten Sie bei der Fütterung darauf, dass Sie über einen bestimmten Zeitraum jeweils genauso viele Typ-I-Rezepte einer Kategorie füttern wie Typ-II-Rezepte.

Sie können die Rezepte beliebig miteinander kombinieren und entweder täglich zwischen I und II einer Kategorie wechseln oder größere Abstände wählen. Natürlich können Sie auch Rezepte beider Kategorien füttern, solange auch da je Typ I und II in gleicher Anzahl vorkommen. Die Rezepte sind entsprechend benannt und farblich gekennzeichnet.

Die Zubereitung

Ein BARF-Menü ist einfach zubereitet. Nachdem die genannten Zutaten beschafft, aufgetaut und auf Zimmertemperatur gebracht wurden, werden Fleisch und Innereien in für den Hund passende Stücke geschnitten. Die Stücke sollten nicht zu klein sein, damit der Hund gut kauen muss, aber auch nicht so groß, dass er damit nicht zurechtkommt. Knochen werden ggf. mit einem Küchenbeil in die gewünschte Größe gehackt. In BARF-Shops gibt es oft Fleisch in bereits geschnittenen Stücken oder gewolfte Knochen, sodass Sie sich diesen Schritt ggf. sparen können.
Übriggebliebene Zutaten werden je nach Menge im Kühlschrank aufbewahrt oder wieder eingefroren und können später verwendet werden.

Für den Gemüse-Obst-Mix wird immer eine Menge von 250 g angegeben, weil es nicht praktikabel ist, die selbst bei großen Hunden geringen Anteile an pflanzlichen Bestandteilen eines BARF-Menüs für jede Mahlzeit einzeln zu pürieren. Der Mix wird also auf Vorrat hergestellt. Dazu püriert man die angegebenen Zutaten möglichst fein. Der Mix kann dann über mehrere Tage gefüttert oder ggf. eingefroren werden.

Werden Nüsse angegeben, müssen diese gemahlen werden.

Das Fleisch, die Innereien und die Knochen werden dann zusammen mit der im Rezept angegebenen Menge des Gemüse-Obst-Mix' in den Napf gegeben. Anschließend werden die Zusätze hinzugefügt und das Futter wird serviert.

Bon Appétit!

TYP I — Hähnchenmägen mit Rinderniere und Ei

REZEPT OHNE GETREIDE

	5 kg	15 kg	35 kg
Hähnchenmägen	80 g	150 g	360 g
Rinderfett	10 g	20 g	40 g
Rinderniere	35 g	70 g	170 g
Gemüse-Obst-Mix	30 g	60 g	140 g
Fischöl mit Vitamin E	½ TL	1 TL	1 EL
Bierhefe	1 TL	1 EL	2 EL
Eigelb	1 Stk	1 Stk	1 Stk

250 g Gemüse-Obst-Mix

100 g Feldsalat

100 g Zucchini

50 g Apfel

1 Hand voll Brennnessel

Ah! Die im Rezept verwendenden Hähnchenmägen sind sehr mager und erreichen nicht den gewünschten Mindestfettanteil von 15 %. Aus diesem Grund wird der Ration zusätzlich Rinderfett zugefügt, um den Energiegehalt zu erhöhen. Mehr dazu ab S. 46.

REZEPT OHNE GETREIDE

Rinderblättermagen mit Hähnchenrücken

TYP II

	5 kg	15 kg	35 kg
Rinderblättermagen	90 g	170 g	400 g
Hähnchenrücken	35 g	70 g	170 g
Gemüse-Obst-Mix	30 g	60 g	140 g
Lebertran	1,0 ml	1,8 ml	3,2 ml
Seealgen	0,6 g	1,0 g	1,8 g

250 g Gemüse-Obst-Mix

100 g Chicorée	
100 g Karotten	
50 g Banane	

Ah! Brennnesseln enthalten viele Mineralstoffe und Vitamine, vor allem aber sekundäre Pflanzenstoffe. Sie unterstützen die Leber und die Nieren und agieren sogar als Anti-Histamin, was für Allergiker von Vorteil ist. Wenn sie püriert werden, brennen sie auch nicht.

TYP I — *Rinderkopffleisch mit Leber*

REZEPT OHNE GETREIDE

	5 kg	15 kg	35 kg
Rinderkopffleisch	90 g	170 g	400 g
Rinderleber	35 g	70 g	170 g
Gemüse-Obst-Mix	30 g	60 g	140 g
Fischöl mit Vitamin E	½ TL	1 TL	1 EL
Nussmischung (je ⅓ Mandeln, Kürbiskerne, Kokosflocken)	1 TL	1 EL	2 EL

250 g Gemüse-Obst-Mix

100 g Rote Beete

100 g Zucchini

50 g Himbeeren

1 Knoblauchzehe

Ah! Die Fütterung mehrfach ungesättigter Fettsäuren im Fischöl erhöht den Vitamin-E-Bedarf des Hundes. Daher wird dem Fischöl Vitamin E hinzugefügt. Mehr dazu auf S. 73.

REZEPT OHNE GETREIDE

Lammpansen mit Rippchen

TYP II

	5 kg	15 kg	35 kg
Lammpansen	90 g	170 g	400 g
Lammrippchen	35 g	70 g	170 g
Gemüse-Obst-Mix	30 g	60 g	140 g
Lebertran	1,0 ml	1,8 ml	3,2 ml
Seealgen	0,6 g	1,0 g	1,8 g

250 g Gemüse-Obst-Mix

- 100 g Spinat
- 100 g Fenchel
- 50 g Birne
- 1 Hand voll Löwenzahn

Ah! Löwenzahn regt durch die enthaltenen Bitterstoffe die Verdauung an und unterstützt die Leberfunktion. Er kann im Frühling und Sommer selbst gesammelt und auch eingefroren werden.

TYP I | Lachs mit Milz | REZEPT OHNE GETREIDE

	5 kg	15 kg	35 kg
Lachs	90 g	170 g	400 g
Rindermilz	35 g	70 g	170 g
Gemüse-Obst-Mix	30 g	60 g	140 g
Bierhefe	1 TL	1 EL	2 EL

250 g Gemüse-Obst-Mix

100 g Eisbergsalat

100 g Kartoffel, gekocht

50 g Feigen

1 Hand voll Petersilie

Ah! Der Lachs liefert dem Hund große Mengen an Omega-3-Fettsäuren, daher muss man kein zusätzliches Öl geben. Mehr dazu auf S. 72.

REZEPT OHNE GETREIDE   Wildfleisch mit Kaninchenkarkassen   TYP II

	5 kg	15 kg	35 kg
Wildfleisch	80 g	150 g	360 g
Butter	10 g	20 g	40 g
Kaninchenkarkassen	35 g	70 g	170 g
Gemüse-Obst-Mix	30 g	60 g	140 g
Lebertran	1,0 ml	1,8 ml	3,2 ml
Seealgen	0,6 g	1,0 g	1,8 g

250 g Gemüse-Obst-Mix
- 100 g Kürbis
- 100 g Paprika (rot)
- 50 g Preiselbeeren
- 1 Knoblauchzehe

Ah! Seealgen versorgen den Hund mit Jod. Es muss jedoch auf eine korrekte Dosierung geachtet werden, denn zu viel Jod ist gesundheitsschädlich. Mehr dazu auf S. 75.

TYP I — Lammfleisch mit Lunge, Hirse und Ei

REZEPT MIT GETREIDE

	5 kg	15 kg	35 kg
Lammfleisch	60 g	120 g	285 g
Lammfett	10 g	15 g	35 g
Lammlunge	30 g	60 g	150 g
Gemüse-Obst-Mix	30 g	55 g	125 g
Hirse, gekocht	20 g	35 g	85 g
Fischöl mit Vitamin E	½ TL	1 TL	1 EL
Bierhefe	1 TL	1 EL	2 EL
Eigelb	1 Stk	1 Stk	1 Stk

250 g Gemüse-Obst-Mix

- 100 g Kopfsalat
- 100 g Brokkoli
- 50 g Aprikose
- 1 Hand voll Petersilie

Ah! Knoblauch ist gesund, denn er liefert eine ganze Reihe sekundärer Pflanzenstoffe und wirkt außerdem wurmwidrig. In derart kleinen Mengen ist er für Hunde auch auf keinen Fall giftig. Mehr auf S. 69.

REZEPT MIT GETREIDE　　　　　　　　　　Kalbfleisch mit Brustbein und Reis　　TYP II

	5 kg	15 kg	35 kg
Kalbfleisch	70 g	135 g	320 g
Kalbsbrustbein	40 g	80 g	200 g
Gemüse-Obst-Mix	30 g	55 g	125 g
Reis, gekocht	20 g	35 g	85 g
Lebertran	1,0 ml	1,8 ml	3,2 ml
Seealgen	0,6 g	1,0 g	1,8 g

250 g Gemüse-Obst-Mix

100 g Gurke

100 g Rote Beete

50 g Heidelbeeren

Ah! Lebertran versorgt den Hund mit den Vitaminen A und D. Letzteres ist vor allem für Hunde wichtig, die einen Großteil des Tages im Haus sind. Vorsicht bei der Dosierung! Mehr dazu auf S. 74.

TYP I — Rinderpansen mit Niere und Haferflocken — REZEPT MIT GETREIDE

	5 kg	15 kg	35 kg
Rinderpansen	70 g	135 g	320 g
Rinderniere	30 g	60 g	150 g
Gemüse-Obst-Mix	30 g	55 g	125 g
Haferflocken, eingeweicht	20 g	35 g	85 g
Fischöl mit Vitamin E	½ TL	1 TL	1 EL
Nussmischung (je ⅓ Kürbiskerne, Kokosflocken und Paranüsse)	1 TL	1 EL	2 EL

250 g Gemüse-Obst-Mix

- 100 g Zucchini
- 100 g Süßkartoffeln
- 50 g Erdbeeren
- 1 Knoblauchzehe

Ah! Die Nussmischung wirkt wurmwidrig, weil Kürbiskerne Cucurbitin und Kokosflocken Biphenyle enthalten. Außerdem liefern die Paranüsse in der Mischung sehr viel Selen. Mehr dazu auf S. 78.

REZEPT MIT GETREIDE

Sprotten mit Putenhals und Quinoa

TYP II

	5 kg	15 kg	35 kg
Sprotten	70 g	135 g	320 g
Putenhals	40 g	80 g	200 g
Gemüse-Obst-Mix	30 g	55 g	125 g
Quinoa, gekocht	20 g	35 g	85 g
Seealgen	0,6 g	1,0 g	1,8 g

250 g Gemüse-Obst-Mix

100 g Endiviensalat

100 g Mangold

50 g Apfel

1 Hand voll Brennnessel

Ah! Anstelle von Muskelfleisch können Hunde auch Fisch bekommen. Er liefert neben hochwertigem Protein vor allem essenzielle Fettsäuren und Vitamin D, dafür aber weniger Zink und Eisen. Mehr dazu auf S. 51.

TYP I

Rinderblättermagen mit Hähnchenleber und Amaranth

REZEPT MIT GETREIDE

	5 kg	15 kg	35 kg
Rinderblättermagen	70 g	135 g	320 g
Hähnchenleber	30 g	60 g	150 g
Gemüse-Obst-Mix	30 g	55 g	125 g
Amaranth, gekocht	20 g	35 g	85 g
Fischöl mit Vitamin E	½ TL	1 TL	1 EL
Bierhefe	1 TL	1 EL	2 EL

250 g Gemüse-Obst-Mix

| 100 g Karotten |
| 100 g Kürbis |
| 50 g Himbeeren |
| 1 Knoblauchzehe |

Ah! Die Bierhefe liefert einige Mineralstoffe wie Magnesium, Kalium, Zink und Mangan, vor allem aber auch sämtliche B-Vitamine. Sie kann regelmäßig oder kurweise eingesetzt werden. Mehr dazu auf S. 77.

REZEPT MIT GETREIDE

Ziegenfleisch mit Lammrippchen und Dinkelflocken

TYP II

	5 kg	15 kg	35 kg
Ziegenfleisch	70 g	135 g	320 g
Lammrippchen	40 g	80 g	200 g
Gemüse-Obst-Mix	30 g	55 g	125 g
Dinkelflocken, eingeweicht	20 g	35 g	85 g
Lebertran	1,0 ml	1,8 ml	3,2 ml
Seealgen	0,6 g	1,0 g	1,8 g

250 g Gemüse-Obst-Mix

100 g Rucola
100 g Brokkoli
50 g Kaki
1 Hand voll Löwenzahn

Ah! Getreideflocken wiegen eingeweicht etwa doppelt so viel wie in der trockenen Form. Das muss bei der Menge berücksichtigt werden: Diese ist zu halbieren. In diesem Rezept werden ca. 10, 20 bzw. 40 g trockene Flocken verwendet.

Clicker-Minis

LECKERLI-REZEPT

Zutaten

500 g Leber oder Thunfisch
500 g Buchweizenmehl
400 ml Wasser, Kefir oder Buttermilch
1 Ei

Optional:
Inhalt von 4 Teebeuteln Brennnesseltee

Zubereitung

Die Leber bzw. den Thunfisch schneiden und in der Küchenmaschine oder mit einem Pürierstab pürieren. Alle Zutaten mit dem Fleisch/Fisch zu einer recht flüssigen Masse vermischen und auf zwei mit Backpapier ausgelegte Backbleche verteilen und glatt streichen oder schütteln. 30 Minuten bei 200 °C backen und danach mit einem Pizzaschneider auf die gewünschte Größe zuschneiden. Die Leckerlis sind weich und lassen sich auch brechen. Im Kühlschrank halten sie sich aufgrund des hohen Feuchtigkeitsgehaltes nur wenige Tage, allerdings können sie auch eingefroren werden.

Leberwurst-Dinkel-Plätzchen

LECKERLI-REZEPT

Zutaten

200 g Leberwurst
200 g Dinkelvollkornmehl
100 g Dinkelflocken
50 g Butter
1 Ei

Optional:
Eine Hand voll Löwenzahn, gehackt

Zubereitung

Die Butter schmelzen. Alle Zutaten zu einem Teig verkneten. Den Teig auf einer mit Mehl bestreuten Arbeitsfläche ca. ½ cm dick ausrollen. Die Plätzchen ausstechen oder den Teig mit einem Pizzaschneider in passende Stücke schneiden. Ein Backblech mit Backpapier auslegen, die Plätzchen darauf verteilen und bei 150 °C etwa 30 Minuten backen.

DOSIERUNGSEMPFEHLUNGEN IM BUCH

Die im Buch genannten Empfehlungen zur Dosierung von Zusätzen richten sich meist nach der Gesamtfuttermenge und nicht etwa wie sonst üblich nach dem Gewicht des Tieres. Dieses Vorgehen ist darin begründet, dass das Gewicht eines Hundes durch bestimmte Lebenssituationen beeinflusst wird und sich Gewichtsangaben daher nicht eignen. So hat beispielsweise ein zehn Wochen alter Labrador ungefähr das gleiche Gewicht wie eine ausgewachsene Französische Bulldogge, aber der Nährstoffbedarf eines Welpen oder Junghundes ist viel höher. Die Futtermenge berücksichtigt diesen Umstand, ohne dass man als Halter mit komplizierten Formeln den konkreten Bedarf berechnen muss.

Das ist ohnehin meist nicht wirklich möglich, denn es ist sehr schwer festzulegen, wie lange ein Hund nun wächst. Derartige Berechnungsformeln berücksichtigen oft nicht, dass die Wachstumsrate abnimmt und man findet keine Vorgaben, wann genau ein Wechsel auf die Formel für erwachsene Tiere vorzunehmen ist. Es käme irgendwann zu einem abrupten Umstellen auf die Formel für ausgewachsene Hunde und als Halter weiß man nie so recht, wann das zu erfolgen hat. Die Futtermenge jedoch verändert sich im Laufe der Zeit schleichend. So nimmt sie im Verlaufe des Wachstums immer weiter zu, um dann langsam wieder abzunehmen. Somit richtet sich auch der Bedarf an Zusätzen nach dieser Entwicklung. Ähnliches trifft auf trächtige oder laktierende Hündinnen zu – auch hier spiegelt der Gesamtbedarf an Futter die tatsächlich maßgeblichen Bedingungen (Trächtigkeitswoche, Anzahl der Föten / Welpen, Milchmenge etc.) und damit den Nährstoffbedarf wesentlich genauer wider als eine statische Formel.

Die Angaben der Dosierungsempfehlungen erfolgen im Buch außerdem mit gewissen Spannbreiten, was auf den ersten Blick zu ungenau erscheinen mag. Natürlich wäre es auch möglich gewesen, stattdessen exakte Werte anzugeben, wie etwa, dass eine Futtermenge von 276 g am Tag eine Seealgengabe von 0,3127 g erfordert. Aber das würde zu endlosen Listen führen, die außerdem eine Genauigkeit vortäuschen, die es nicht gibt. Erstens unterliegen Nährstoffgehalte von Lebensmitteln immer natürlichen Schwankungen. Da helfen auch keine Nährwerttabellen und keine Herstellerangaben, denn diese werden nicht für jede Charge neu ermittelt und dürfen außerdem innerhalb gewisser Grenzen vom angegebenen Wert abweichen. Jedes Stück Fleisch ist anders und so verhält es sich auch mit den Zusätzen. Abgesehen davon, dass größtenteils Unkenntnis über den tatsächlichen Jodgehalt von 0,3127 g in Seealgen herrscht, ist der Otto-Normal-Verbraucher obendrein nicht in der Lage, die Menge so genau abzuwiegen – auch nicht mit einer Feinwaage. Aufgrund dieser Ungenauigkeiten ist auch eine genauere Angabe der Dosierungsempfehlungen nicht notwendig.

EINIGE RATSCHLÄGE ZUM ABSCHLUSS

Ein Buch kann niemals alle Fragen zu einem Thema beantworten und es kann bei jeder Lektüre passieren, dass man entweder wichtige Fakten überliest oder der Autor schlichtweg vergessen hat, sie zu erwähnen. Wenn Sie sich bei Aspekten, die in diesem Buch nicht oder aus Ihrer Sicht nicht ausreichend thematisiert wurden, unsicher sind, fragen Sie lieber eine sachkundige Person (z. B. einen zertifizierten Ernährungsberater, Tierheilpraktiker oder einen Tierarzt) um Rat oder lesen Sie ein Kapitel vorsichtshalber noch einmal durch. Sehen Sie insbesondere davon ab, Nahrungsergänzungsmittel oder Heilkräuter nach Gutdünken zu dosieren, nur weil Sie das irgendwo gelesen haben.

Häufig ist man als Barfer auch mit Fragen konfrontiert, auf die es keine eindeutige Antwort zu geben scheint. Sobald man zum Thema BARF recherchiert, stolpert man unweigerlich über verschiedene Meinungen und Ratschläge – und sie sind oft widersprüchlich. Es hilft dann manchmal, sich zu fragen, wie ein Vorgehen wohl in der Natur ablaufen würde. Manche Ratgeber neigen nämlich dazu, Handlungsweisen, die bei ihren Hunden zu Problemen geführt oder gut funktioniert haben, als generell nachteilig oder eben ideal darzustellen. Beispielsweise raten einige Hundehalter dazu, Knochen nur morgens zu füttern oder Knochen und Innereien stets getrennt zu geben. Was ist nun richtig? Das ist eine typische Fragestellung, die mit dem Vergleich des natürlichen Verhaltens beantwortet werden kann. Wild lebende Raubtiere fressen gesamte Beutetiere (Knochen und Innereien zusammen), unabhängig von der Tageszeit. Demnach ist es durchaus fraglich, ob die genannten Ratschläge Allgemeingültigkeit haben können. Es mag sein, dass das bei einzelnen Hunden zu Problemen führt oder vorhandene Probleme löst, aber das zu generalisieren ist zweifelhaft. Mit dieser Herangehensweise lassen sich viele Fragen beantworten. Behalten Sie einfach die Natur als Vorbild im Kopf und orientieren Sie sich daran.

Man sollte bei der Fütterung auch nicht an Dogmen festhalten. Ein Vorgehen, das für den eigenen Hund nicht funktioniert, ist ungeeignet – jedenfalls für diesen Hund. Einem Hund, der schon von kleinsten Knochenmengen eine Verstopfung bekommt, ist es egal, ob Knochen in der Natur vorgesehen sind und Wölfe sie bestens vertragen oder nicht. In dem Fall muss ganz klar substituiert werden. Das ist gerade einer der großen Vorteile von BARF: Diese Fütterung ist ausgesprochen individuell und kann an die Bedürfnisse eines einzelnen Hundes bestens angepasst werden.

Es ist auch durchaus sinnvoll, das eigene Handeln im Auge zu behalten: Häufig kommt es bei der Umstellung auf BARF zu erstaunlichen „Nebenwirkungen" beim Tierhalter. Erst wird der Hund auf natürliche Nahrung umgestellt, dann beginnt man vielleicht, die eigene Ernährung zu überdenken und plötzlich neigt man dazu, alles abzulehnen, was industriell verarbeitet wurde oder irgendetwas mit der Futtermittel- oder Pharmaindustrie zu tun hat. Und dann passiert es: Ehe man sich versieht, begibt man sich als Missionar auf die beschwerliche Reise, um „fehlgeleitete" Fertigfutteranhänger von BARF zu überzeugen.

Es fällt sehr schwer, das nicht zu tun, hat man doch die positiven Veränderungen am geliebten Hund mit eigenen Augen gesehen und will nun auch andere profitieren lassen. Es ist lieb gemeint, und so schwierig es auch ist, dem zu widerstehen: Tun Sie sich und Ihrem Umfeld einen Gefallen und halten Sie sich lieber etwas zurück. Jeder muss seinen eigenen Weg finden und niemand hört gern, dass er seinen Hund „mit Fertigfutter umbringt". Denken Sie daran, dass Sie vermutlich auch sehr lange so gefüttert haben und davon überzeugt waren, Ihrem Hund etwas Gutes zu tun und nicht jeder will an Ihrer Freude über die neue Fütterung teilhaben.

Man sollte auch im Hinterkopf behalten, dass die Ernährung des Hundes mit BARF kein Allheilmittel darstellt. Naturbelassene, vollwertige Nahrung ist sicherlich die Basis einer Gesunderhaltung des Körpers, aber nicht allein dafür verantwortlich. Die Ursachen für Krankheiten sind häufig multifaktoriell bedingt: So spielen fragwürdige Trends in der Zucht, erbliche Vorbelastung, Inzucht, Umwelteinflüsse und andere Aspekte ebenfalls eine bedeutende Rolle. Sie allein tragen die Verantwortung für Ihren Hund! Seien Sie ruhig skeptisch und kritisch, holen Sie sich im Zweifel eine Zweitmeinung ein und lesen oder fragen Sie intensiv nach – das ist vollkommen richtig! Aber verwehren Sie Ihrem Hund nicht eine notwendige tiermedizinische Behandlung, nur weil Sie in der Vergangenheit schlechte Erfahrungen damit gesammelt haben oder der Meinung sind, dass alles, was nicht natürlich ist, grundsätzlich schlecht und jeder Tierarzt eine Marionette der Tierfuttermittel- oder Pharmaindustrie ist. Dem ist ganz sicher nicht so und nicht jede Behandlung mit Medikamenten wie Antibiotika, Kortison oder chemischen Wurmmitteln ist unnötig. Es gibt nicht nur Schwarz und Weiß, sondern eben auch Grautöne.

Suchen Sie bei Anzeichen von Unwohlsein bei Ihrem Hund (z. B. auffälliges Hecheln, Speicheln, Zittern, Unruhe, Abgeschlagenheit, Appetitlosigkeit, Fieber, andauernde Verdauungsprobleme) lieber einmal zu oft einen Fachmann auf als einmal zu wenig. Es ist nicht Ihr Leben, es ist das Leben Ihres Hundes...

„Du bist zeitlebens für das verantwortlich,
was du dir vertraut gemacht hast."

Antoine de Saint-Exupery

GLOSSAR

Allergen
Der Begriff Allergen beschreibt Stoffe, die allergieauslösend sind.

Aminosäuren
Unter Aminosäuren, genauer gesagt α-Aminosäuren, versteht man die Bausteine, aus denen Proteine zusammengesetzt sind. In typischen Futtermitteln kommen ca. 20 dieser Aminosäuren vor. Für den Hund sind davon zehn lebens- und zufuhrnotwendig.

anthelminthisch
Unter dem Begriff Helminthen werden Würmer zusammengefasst. Anthelminthisch bedeutet so viel wie wurmwidrig.

antiinflammatorisch
Antiinflammatorisch bedeutet entzündungshemmend.

antikanzerogen
Der Begriff antikanzerogen wird vom Begriff kanzerogen abgeleitet, was krebserzeugend bedeutet. Demnach hemmen antikanzerogene Stoffe die Entstehung von Krebs.

antimykotisch
Unter einer Mykose versteht man eine Pilzerkrankung. Antimykotisch bedeutet also gegen Pilze wirkend.

antinutritiv
Antinutritive Stoffe begrenzen die Verwertung von Nährstoffen in der Nahrung. Sie zählen zu den sekundären Pflanzenstoffen und werden auch als diätische Antagonisten bezeichnet.

Antioxidantien
Unter diesem Begriff versteht man Stoffe, die die Oxidation anderer Substanzen verhindern können. Sie agieren als Radikalfänger und schützen somit vor Zellkernschädigungen. Die bekanntesten Antioxidantien sind die Vitamine C und E sowie Carotinoide und Flavonoide.

antithrombotisch
Antithrombotisch bedeutet gegen eine Thrombose gerichtet.

Avidin
Unter Avidin versteht man eine Substanz, die sich im Eiklar von Eiern befindet. Sie bindet Biotin, sodass es nicht mehr vom Körper aufgenommen werden kann. Avidin ist nicht hitzebeständig und wird durch Kochen zerstört.

Azidose
Unter einer Azidose versteht man das Absinken des physiologischen pH-Wertes im Blut. Es handelt sich also um eine Störung des Säure-Basen-Haushaltes, die nicht zu verwechseln ist mit einer „Übersäuerung" des Magens, also einem Überschuss an Magensäure.

Ca/P-Verhältnis
Das Calcium-Phosphor-Verhältnis beschreibt den Anteil an Calcium in der Nahrung relativ zum Phosphor. Idealerweise liegt dieses Verhältnis zwischen 1,2–2,1, d. h. es befindet sich 1,2- bis 2-mal so viel Calcium im Futter wie Phosphor. Noch vor einigen Jahren galt die genaue Einhaltung dieser Relationen als ausgesprochen wichtig. Heute weiß man, dass es hauptsächlich darauf ankommt, ausreichend Calcium zuzuführen. Dennoch sollte nicht mehr Phosphor als Calcium in der Ration vorhanden sein.

diätetische Antagonisten
Unter diätischen Antagonisten versteht man Stoffe in der Nahrung, die die Aufnahme von Nährstoffen hemmen.

EHEC
EHEC steht für Enterohämorrhagische Escherichia coli. Darunter werden pathogene Stämme des Darmbakteriums E. coli verstanden.

IBD
Die Abkürzung IBD steht für Inflammatory Bowel Disease. Darunter versteht man chronisch-entzündliche Darmentzündungen.

IBS
IBS steht für Irritable Bowel Syndrome, also Reizdarmsyndrom.

Karnivor
Unter diesem Begriff versteht man Tiere, die sich von Fleisch ernähren, also Raubtiere.

laktierend
Laktierend bedeutet säugend. Eine laktierende Hündin ist also ein Tier, das Welpen säugt.

MSM
Die Abkürzung MSM steht für Methylsulfonylmethan. Dabei handelt es sich um eine Schwefelverbindung. MSM wird bei einer Vielzahl von Beschwerden eingesetzt, z. B. bei Gelenkerkrankungen, Entzündungen, Magen-/Darmbeschwerden oder Wurmbefall. MSM ist kein essentieller Bestandteil einer BARF-Ration und wird nur dann eingesetzt, wenn ein entsprechendes Krankheitsbild vorliegt.

NRC
Die Abkürzung steht für National Research Counsil. Dabei handelt es sich um eine amerikanische Organisation, die Forschung in verschiedenen Bereichen betreibt. Sie veröffentlicht regelmäßig Richtlinien für Bedarfswerte verschiedener Spezies.

Omnivor
Ein Omnivor ist ein Allesfresser.

Oxalsäure
Bei Oxalsäure handelt es sich um einen Stoff, der z. B. in Spinat, Mangold, Roter Bete, Sauerampfer oder Rhabarber vorkommt. Oxalsäure bindet Calcium, sodass es vom Organismus nicht mehr aufgenommen werden kann. Beim Erhitzen über 150 °C wird sie unschädlich gemacht. Aus diesem Grund sollte man oxalsäurehaltige Lebensmittel nicht in großen Mengen verfüttern.

pathogen
Pathogen bedeutet potenziell krankmachend.

Phytinsäure
Diese Substanz bezeichnet einen sekundären Pflanzenstoff, der hauptsächlich in Getreide, Nüssen und Hülsenfrüchten vorkommt. Phytinsäure bindet verschiedene Mineralstoffe wie etwa Calcium, Eisen, Phosphor, Zink oder Magnesium, sodass sie vom Organismus nicht mehr aufgenommen werden können.

Probiotika
Probiotika sind Nahrungsergänzungsmittel oder Futtermittel, die lebende Mikroorganismen enthalten, z. B. Milchsäurebakterien. Sie dienen zum Aufbau einer gesunden Darmflora, die natürlicherweise mit derartigen Kulturen besiedelt ist.

Propolis
Propolis ist ein Harz, das von Bienen zur Absicherung des Bienenstocks gegen Bakterien, Viren und Pilze eingesetzt wird. Propolis weist antibiotische, antioxidative, antivirale, antimykotische und antikanzerogene Eigenschaften auf und gilt daher als gesundheitsfördernd. Bei BARF wird es häufig zur Unterstützung bei Infekten eingesetzt. Einige Tiere reagieren allerdings allergisch auf Bienenprodukte.

Protozoen
Unter Protozoen versteht man mikroskopisch kleine, aus einer einzigen Zelle bestehende Tierchen. Beispiele dafür sind z. B. Giardien oder Toxoplasmen.

Pseudo-Getreide
Pseudo-Getreide sind Früchte von Pflanzen, die ähnlich wie Getreide eingesetzt werden, aber nicht zu den Süßgräsern gehören. Pseudo-Getreide sind stets glutenfrei.

RFK
Unter RFK versteht man rohe, fleischige Knochen.

sekundäre Pflanzenstoffe
Unter sekundären Pflanzenstoffen versteht man pflanzliche Bestandteile, die keine primäre Nährstofffunktion haben, sich aber dennoch positiv auf den Organismus auswirken können. Diese bioaktiven Substanzen entfalten vielfältige Schutzwirkungen und gelten als gesundheitsfördernd.

sekundärer Nährstoffmangel
Im Gegensatz zu einem primären Nährstoffmangel liegt bei einem sekundären Nährstoffmangel keine Unterversorgung mit einem Nährstoff vor, sondern bestimmte Komponenten im Futter, sogenannte diätische Antagonisten, hemmen als Störstoffe die Aufnahme eines Nährstoffs, sodass es zu einem Mangel kommt, obwohl mit der Nahrung eigentlich ausreichende Mengen zugeführt wurden.

Thiaminase
Dieser Begriff beschreibt ein Enzym, das Vitamin B1 (Thiamin) zerstört, sodass es vom Körper nicht mehr aufgenommen werden kann. Es wird unter Hitzeeinwirkung zerstört. Thiaminase kommt in einigen Fischen vor, die man daher nicht so häufig und vor allem nicht in großen Mengen roh füttern sollte, da es sonst zu einem Vitamin-B1-Mangel kommen kann.

Thyreotoxicosis factitia
Dabei handelt es sich um eine Krankheit, die durch eine überhöhte Zufuhr von Schilddrüsenhormonen verursacht wird. Die Symptome gleichen denen einer Schilddrüsenüberfunktion. Die Behandlung erfolgt durch Anpassung / Weglassen der exogenen Hormonzufuhr.

Zoonose
Als Zoonose bezeichnet man Krankheiten oder Infektionen, die von Tieren auf Menschen übertragen werden können.

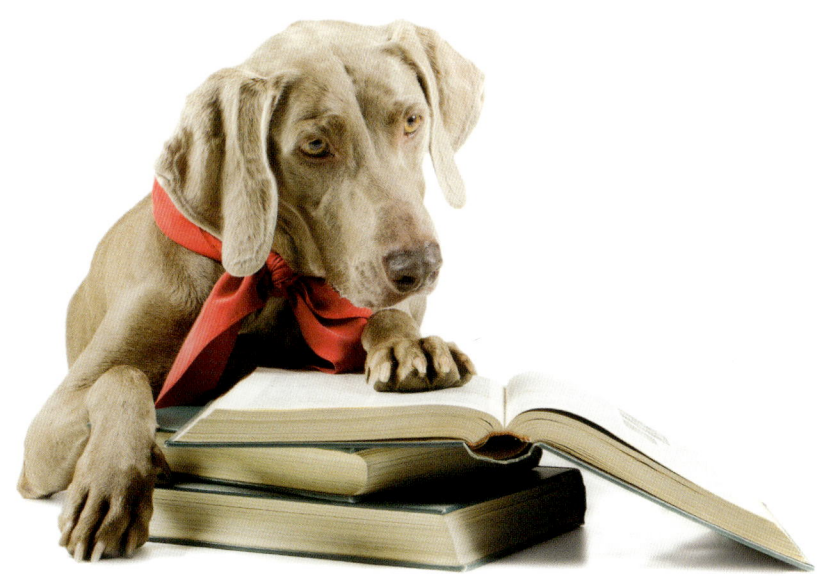

WEITERFÜHRENDE LINKS

www.der-barf-blog.de
www.barfers.de
www.barfberater.de
www.gesundehunde.com/forum

FUTTERPLANBERATUNG, BARF-SEMINARE & BARF-RECHNER

Zur Ermittlung der Futtermengen stehen Ihnen unter www.barf-check.de verschiedene BARF-Rechner zur Verfügung. Es gibt sowohl kostenlose als auch kostenpflichtige Varianten mit unterschiedlichen Funktionsumfängen. Letztere berechnen einen kompletten Wochenfutterplan mit sämtlichen Zusätzen auf Basis Ihrer Angaben zum Hund.

Sie möchten noch mehr über BARF wissen? Dann besuchen Sie doch ein BARF-Seminar in Ihrer Nähe. Es werden Seminare für Einsteiger, Welpen- und Junghundbesitzer, Züchter und Halter kranker Tiere angeboten. Termine und Veranstaltungsorte finden Sie unter der Webadresse www.thp-wolf.de.

Sollten Sie sich bei der Futterplanerstellung noch unsicher sein, eine Überprüfung Ihres bisherigen Planes wünschen oder Unterstützung bei der Fütterung eines kranken Hundes oder im Rahmen der Aufzucht von Welpen benötigen, so können Sie unter www.thp-wolf.de natürlich auch eine professionelle Futterplanberatung beauftragen.

Sie erhalten für Ihr Tier einen individuellen Plan mit Beispielfutterplänen für zwei Wochen inklusive vieler Erläuterungen. Sie erfahren außerdem, welche Zusätze Sie ggf. in welcher Menge und wie oft füttern müssen. Natürlich ist die Beantwortung von Fragen zum Futterplan inklusive. Die Beratung findet über E-Mail oder telefonisch statt.

Wenn Sie eine persönliche Beratung vor Ort wünschen, so finden Sie im Internet unter http://barfberater.de/ernaehrungsberatersuche zertifizierte Ernährungsberater für Hund & Katze mit Schwerpunkt BARF in Ihrer Nähe.

DANKSAGUNG

Ich möchte an dieser Stelle all jenen danken, die mich bei diesem Buchprojekt direkt oder indirekt unterstützt haben.

Allen voran möchte ich mich bei meinen geliebten Hunden bedanken. Ohne sie wäre dieses Buch nie entstanden. Sie haben mich sehr viel gelehrt, mich inspiriert und waren in jeder Minute, in der ich an diesem Buch gearbeitet habe, in meiner Nähe.

Ich danke natürlich auch meiner Familie, insbesondere meiner Mutter, und meinem Freund, die mir stets eine Stütze waren und mir mit Rat und Tat zur Seite standen.

Ein großes Dankeschön geht auch an Swanie, die nicht nur das Vorwort zu diesem Buch beigesteuert hat, sondern das Thema BARF in Deutschland überhaupt publik machte und von der ich so viel lernen durfte.

Besonders dankbar bin ich auch für die aktive Unterstützung durch Marion, ihre Tochter Katharina, Mirjam, Peggy, Rita und Torsten, die mich nicht nur stets in meinem Vorhaben bestärkt, sondern mich auch beraten und sich zum Korrekturlesen bereiterklärt haben. Auch Daniel darf an dieser Stelle natürlich nicht unerwähnt bleiben – er hat das Buch grafisch gestaltet und gesetzt. Ich weiß nicht, was ich ohne Euch gemacht hätte!

Außerdem gilt mein Dank den Lesern meines Blogs und den Mitgliedern des GH-Forums, die mich überhaupt auf die Idee gebracht haben, dieses Buch zu schreiben und die mich mit ihren Fragen stets motiviert haben, noch mehr über die Ernährung von Hunden zu lernen und die damit indirekt einen Teil des Inhaltes mitgestaltet haben.

QUELLENANGABEN

Afolayan, R. A. et al. (2002): Prediction of carcass meat, fat and bone yield across diverse cattle genotypes using live-animal measurements

Axelsson, E. et al. (2013): The genomic signature of dog domestication reveals adaptation to a starch-rich diet

Ayyatem, S. et al. (1994): Genetic parameters for meat production in rabbits

Becker, N. et al. (2012): Fütterung von Hunden und Katzen in Deutschland.

Billinghurst, I. (1993): Give Your Dog a Bone

Buoro, I. B. J. et al. (1994): Putative avocado toxicity in two dogs

Campbell, A. (2007): Grapes, raisins and sultanas, and other foods toxic to dogs

Chowhan, G. S. et al. (1985): Treatment of tapeworm infestation by coconut (Conus nucifera) preparations

Cingi, C. et al. (2008): The effects of spirulina on allergic rhinitis

Dillitzer N. et al. (2011): Intake of minerals, trace elements and vitamins in bone and raw food rations in adults dogs

Dismas, S. S. et al. (2013): Preliminary Evaluation of Slaughter Value and Carcass Composition of Indigenous Sheep and Goats from Traditional Production System in Tanzania

Effenberger, T. (2008): Durchfallerkrankungen bei Haustieren mit lebensmittelrelevanten pathogenen Bakterien

European Scientific Counsel Companion Animal Parasites (2014): Bekämpfung von Würmern (Helminthen) bei Hunden und Katzen

Freeman L. M., Michel K.E. (2001): Evaluation of raw food diets

Freeman, L. M. et al. (2013) Current knowledge about the risks and benefits of raw meat–based diets for dogs and cats

Geyer, J. (2009): MDR1 mutation in dog breeds and their sensitivity against ivermectin

Gondret, F. et al. (2005): Carcass composition, bone mechanical properties, and meat quality traits in relation to growth rate in rabbits

Grimminger, S. (2005): Zum Iodbedarf u. zur Iodversorgung der Haus- u. Nutztiere u. des Menschen

Halpin, K. M. et al. (1986): Efficiency of manganese absorption in chicks fed corn-soy and casein diets

Hand, M. S. et al. (2010): Small Animal Clinical Nutrition, fifth edition

Hansen, S. R. (2002): Macadamia nut toxicosis in dogs

Heinze C. R. et al. (2012): Assessment of commercial diets and recipes for home-prepared diets recommended for dogs with cancer

Hielm-Björkman, A. (2013): Exploratory study: 632 shared experiences from dog owners changing their dogs' food to a raw food (BARF) diet

Hierholzer J. R., Kabara J. J. (1982): In vitro effects of monolaurin compounds on enveloped RNA and DNA viruses

Holbrook WP et al. (2006): Antimicrobial activity of monocaprin: a monoglyceride with potential use as a denture disinfectant

Huether, G. et al. (1998): Essen, Serotonin und Psyche

Iqbal Z. et al. (2001): In Vitro Anthelmintic Activity of Allium sativum, Zingiber officinale, Curcurbita mexicana and Ficus religiosa

Irina Gramer et al. (2001): Breed distribution of the nt230(del4) MDR1 mutation in dogs

Kealy, R. D. et al. (2002): Effects of diet restriction on life span and age-related changes in dogs

Kenneth J. R. et al. (1995): Teratogenicity of High Vitamin A Intake

Köhler, K. (2005): Evaluierung von somatischen Ursachen für Verhaltensveränderungen beim Hund in der tierärztlichen Praxis

Kyoko I. et al. (1999): Influence of dietary Spirulina platensis on IgA level in human saliva

Larsen J. A. et al. (2012): Evaluation of recipes for home-prepared diets for dogs and cats with chronic kidney disease

Lawson K. A. et al. (2007): Multivitamin use and risk of prostate cancer in the National Institutes of Health-AARP Diet and Health Study

Lee K. W. et al. (2000): Hematologic changes associated with the appearance of eccentrocytes after intragastric administration of garlic extract to dogs

Leheshka, J. M. (2005): Effects of conventional and grass-feeding systems on the nutrient composition of beef

Lippert, G., Sapy, B. (2006): La malbouffe ou la vie : Enquête sur la dégradation de l'état de santé de nos chiens

Mattson, M. P., Wan, R. (2005): Beneficial effects of intermittent fasting and caloric restriction on the cardiovascular and cerebrovascular systems

Mech, L. D. (2007): Wolves: Behavior, Ecology and Conservation

Meyer, H., Zentek, J. (2013): Ernährung des Hundes: Grundlagen – Fütterung – Diätetik

Munday, J. S. et al. (2008): Presumptive tremorgenic mycotoxicosis in a dog in New Zealand, after eating mouldy walnuts

Müller, S. (2006): Diet composition of wolves (Canis lupus) on the Scandinavian peninsula determined by scat analysis

N. S. Rocha et al. (2002): Effects of fasting and intermittent fasting on rat hepatocarcinogenesis induced by diethylnitrosamine

Nap, R. C. et al. (1993): Ca Kinetics in Growing Miniature Poodles Challenged by Four Different Dietary Levels of Calcium

National Research Council (2006): Nutrient Requirements of Cats and Dogs (Nutrient Requirements of Domestic Animals)

Özdemir, M., Özilgen, M. (2001): Mycotoxins in grains and nuts: Prevention of their formation

Pedersen, C. R. et al. (1999): Intermittent feeding and fasting reduces diabetes incidence in BB rats

Rahlenbeck, S. et al. (2013): Insektenschutz: Wie man das Stichrisiko senkt

Robert-Koch-Institut (2003): Heimtierhaltung – Chancen und Risiken

Robert-Koch-Institut (2011): Steckbriefe seltener und importierter Infektionskrankheiten

Robert-Koch-Institut (2014): Infektionsepidemiologisches Jahrbuch 2013

Schlesinger, D. P., Joffe, D. J. (2011): Raw food diets in companion animals: A critical review

Sandri, M. et al (2017): Raw meat based diet influences faecal microbiome and end products of fermentation in healthy dogs

Simon, S. (2008): BARF – Biologisch Artgerechtes Rohes Futter für Hunde

Simon, S. (2008): BARF Biologisch Artgerechtes Rohes Futter für Welpen und trächtige Hündinnen

Souci, S. W. et al. (2008): Die Zusammensetzung der Lebensmittel, Nährwert-Tabellen

Statistisches Bundesamt (2014): Verkehrsunfälle, Fachserie 8 Reihe 7 – 2013

Stockman J. et al. (2013): Evaluation of recipes of home-prepared maintenance diets for dogs

Straßen, B. (2007): Cocos nucifera L.: Untersuchung zur Wirkung von Extrakten auf Parasiten

Taylor M. B. et al. (2009): Diffuse osteopenia and myelopathy in a puppy fed a diet composed of an organic premix and raw ground beef

The Alpha-Tocopherol Beta Carotene Cancer Prevention Study Group (1994): The Effect of Vitamin E and Beta Carotene on the Incidence of Lung Cancer and Other Cancers in Male Smokers

Association for Truth in Pet Food (2015): The Pet Food Test

The WALTHAM® International Nutritional Sciences Symposium (2013): From pet food to pet care – bridging the gap

R. G. H. Baumeister et al. (1975): Toxicological and Clinical Aspects of Cyanide Metabolism

U. S. Food and Drug Administration (2015): Recalls & Withdrawals: www.fda.gov/animalveterinary/safetyhealth/recallswithdrawals/ (abgerufen am 20. 04. 2015)

Von Rheinbaben, F., Wolff, M. H. (2001): Handbuch der viruswirksamen Desinfektion

Wallhäußer, K.-H. (1989): Lebensmittel und Mikroorganismen. Frischware – Konservierungsmethoden – Verderb

Wan, R. et al. (2010): Cardioprotective effect of intermittent fasting is associated with an elevation of adiponectin levels in rats

Watzl, B., Leitzmann, C. (2005): Bioaktive Substanzen in Lebensmitteln

World Health Organization (1996): Trace elements in human nutrition and health

Wynn, S. G., Bartges, J., Dodds, W. J. (2003): Raw meaty bones- based diets may cause prerenal azotemia in normal dogs

Zentek, J., Hellweg, P. (2005): Risikofaktoren im Zusammenhang mit der Magendrehung des Hundes

Zeugswetter, F. et al. (2012): Hyperthyroidism in dogs caused by consumption of thyroid-containing head meat

Zimmermann, S. (2013): Umfrage zum Thema Rohfütterung „BARF" unter Hundebesitzern in Österreich und Deutschland und rechnerische Überprüfung von BARF-Rationen

REGISTER

A
Aggressionen, 34
Algenkalk, 59, 129
All you can eat, 118
Aminosäuren, 35, 38 f., 152
Ammoniak, 31, 39, 45, 71
Antinährstoffe, 25, 70
Antioxidans, 66 f., 69, 73, 77, 152
artgerecht, 11
Auftauen, 109, 113
Aujeszky-Virus, 46, 128

B
BARF, Definition, 11 f.
Ballaststoffe, 68, 112
Bandwürmer, 27 ff.
BARF-Profil, 125
Bauchspeicheldrüse, 49, 99 f., 122
Bedarfsdeckung, 19 ff.
Bedarfswerte, 22 f.
Beinscheibe, 58
Beutetier, 12 f.
Bierhefe, 77
Bioverfügbarkeit, 24, 70
Blättermagen, 52
Blut, 55, 76, 111
Blutbild, 125

C
Calcium, 22 f., 24, 26, 44, 57 ff., 60 f., 62, 63, 65, 95, 110
Ca/P-Verhältnis, 23, 59, 153
Chlorella, 75, 79

D
Darmflora, 64, 77, 99, 102, 121, 154
Dorschlebertran, 74
Durchfall, 99, 100 f., 103, 119 f.

E
Eier, 63
Eierschale, 59
Eiweiß, 31 f., 35, 38 f., 128
Energiemangel, 45, 128
Entgiftungserscheinungen, 103
Entwurmen, 29 f., 50, 125 f.
Erbrechen, 59, 99, 102, 103, 119, 120
Euter, 46, 49, 115

F
Faserstoffe, 64 f., 112
Fastentag, 88, 97, 114
Fellglanz, 40
Fertigbarf, 115

Fertigfutter, 15, 16, 22 f., 31 f., 94, 99, 115
Fett, 41, 45, 46 ff., 50, 111, 118, 123, 128
Fettsäuren, 41, 72 f.
Fisch, 51, 74, 129
Fischöl, 72 f.
Fleisch, 45 ff.
Flohsamenschalen, 68
Frischfütterung, 11
Futtermenge, 81 ff., 95 f., 98, 123
Futterplan, 81 ff., 96, 106
Futterumstellung, 99 ff.

G
Gemüse, 64 ff.
Gemüseflocken, 65, 114
Getreide, 70 f.
Gewicht, 81, 82, 98, 123 f.
Giardien, 27 ff., 71, 79, 154
Giftige Futtermittel, 69, 78, 129
Gluten, 70, 154
Grasfressen, 102, 122

H
Hagebutte, 43, 56, 77
Hefe, 56, 77
Herz, 54 f.
Hühnermägen, 46
Hülsenfrüchte, 65
Hüttenkäse, 63
Hygiene, 28, 29, 108

I
Idealgewicht, 123
Innereien, 52 ff.

J
Jod, 75
Joghurt, 63

K
Kalium, 25, 43
Karottensuppe, 119
Kehlkopf, 62, 128
Knoblauch, 69
Knochen, 57 ff.
Knochenkot, 58, 59, 95, 101, 110
Knochenmehl, 59, 60 f., 110, 113, 120, 126
Knorpel, 46, 62
Kohl, 65
Kohlenhydrate, 33, 35, 41, 70 f., 95, 111
Kokosflocken, 30, 126, 142
Kokosöl, 30, 49, 50, 126
Komplettfutter, 92 f.
Kopffleisch, 46, 47, 62, 128
Kotfressen, 122
Kotmenge, 15, 64, 103

Krankheit, 109, 114, 120, 122, 123, 125, 151
Krankheitserreger, 15, 18, 27 f., 29
Kräuter, 76
Kupfer, 26, 43, 56, 63, 125
Kürbiskerne, 30, 78, 126

L
Lagerung, 113
Laktose, 63
Leber, 54 f.
Lebertran, 74
Leckerlis, 117, 146
Löwenzahnsaft, 102, 120, 121
Lunge, 54 f.

M
Macadamianüsse, 78, 129
Magendrehung, 118
Magensäure, 121
Magnesium, 22 f., 25, 43
Mangan, 22 f., 25, 43
Mangelernährung, 19 ff., 24 ff., 99, 103, 110, 122, 125, 155
Mariendistel, 76
Milchprodukte, 63, 85
Milz, 54 f.
Minerallstoffe, 24 ff., 43, 59
Muskelfleisch, 45 ff.
Nachteile, 17
Nährtsoffbedarf, 19 ff.
Nahrungsergänzung, 71 ff., 110
Niere, 54 f.
Nüsse, 78

O / Ö
Obst, 64 f.
Öle, 72 f.
Omega-3-Fettsäuren, 72 f.
Omega-6-Fettsäuren, 72 f.

P
Pansen, 52
Parasiten, 29 f., 123, 125 f.
Pflanzenöle, 72 f.
Pflanzenstoffe, sekundäre, 66 f., 154
Phytinsäure, 24 ff., 78, 95, 129, 154
Probiotika, 77, 102, 121, 154
Protein, 31 f., 35, 38 f., 128
Pseudogetreide, 70 f., 154

Q
Quark, 63
Quinoa, 70 f.

R
Rezepte, 132 ff.
RFK, 57 ff.

Risiken, 18 ff.
Rohfütterung, 11
Rosinen, 65, 78, 129

S
Salmonellen, 18, 27, 28, 29
Salz, 76
Sättigung, 122
Schilddrüse, 62, 67, 75, 128 f., 155
Schlund, 46, 62, 128
Schokolade, 129
Seealgen, 75
Selen, 22 f., 25, 43, 54, 55, 56, 78
Senioren, 82, 102, 112, 113
Sodbrennen, 118, 120, 121, 122
Spirulina, 75
Sprossen, 78 f.
Spurenelemente, 43
Stärke, 95

T
Teilbarf, 115
Thiaminase, 51, 129, 155
Trächtigkeit, 82
Trinkmenge, 79, 103
Tryptophan, 35, 39

U / Ü
Überdosierung, 54, 74, 75
Übergewicht, 48, 54, 98, 114, 123 f.
Übersäuerung, 118, 120, 121, 122
Urlaub, 114 f.

V
vegan, vegetarisch, 116 f.
Verdaulichkeit, 38, 45, 64, 67, 115, 122
Vitamin E, 73
Vitamine, 43

W
Wachstumskurve, 98
Wasser, 41, 79, 103
Weintrauben, 65, 129
Welpen, 94 ff.
Würmer, 29 f., 50, 125 f.

Z
Zahngesundheit, 42
Zink, 22 f., 25, 43
Zubehör, 80
Zusätze, 71 ff., 110
Zwiebeln, 65, 69